Ecolar - Uma Visão Holística Sobre a Vida Sustentável

Rogerio Cietto

Published by Rogerio Cietto, 2016.

Ecolar – Uma Visão Holística Sobre a Vida Sustentável

Publicado por Rogerio Paiva Cietto no Smashwords

Índice

Introdução

Deus os abençoou e disse "Frutificai e multiplicai-vos, enchei a face da terra e submetei-a. Dominai sobre os peixes do mar, sobre as aves dos céus e sobre todos os animais que se arrastam sobre a terra". Gênesis 1, 28. (assim todo homem é chamado a reinar sobre o mar, o céu e a terra, e é por isso que todos temos um pouco do espírito dos SEAL e outras forças especiais dentro de nós)

A palavra eco significa natureza (em grego *oikos* significa casa, lar), portanto um ecolar seria um lugar que respeita o meio ambiente (literalmente, um lar dentro de um lar). Seria fácil para todos nós sermos ecologicamente corretos, em completa simbiose com a natureza: nós apenas temos que viver do modo como vivíamos há 4000 anos atrás, caçando, plantando e vivendo em abrigos sem água ou energia...

Isso não seria sábio, uma vez que muitos de nós morreríamos de fome, doenças ou desastres. Mas a maneira como nossos ancestrais viviam pode nos ajudar a entender porque precisamos repensar nossa relação com a natureza. Nossos ancestrais lutavam pela sua sobrevivência individual diariamente, e aqueles com tecnologia e recursos (virtualmente ilimitados à época) estavam um passo à frente.

Hoje lutamos pela mesma sobrevivência, mas fundados nos benefícios que temos hoje, e alguns de nós estão muito à frente em virtude do acesso à tecnologia e recursos (claramente limitados tendo em vista a população mundial atual).

Antes de explicar as inúmeras ideias reunidas neste trabalho, é necessário entender a Sustentabilidade e os conceitos e princípios que inspiraram este trabalho.

Sustentabilidade é a habilidade de viver respeitando três fatores:

- ambiental (bom para o planeta e seus recursos);
- social (bom para outras pessoas, estejam elas perto ou longe);
- econômico (acessível a qualquer pessoa para adquirir e manter).

O papa Francisco expõe claramente esta interrelação na Encíclica *Laudato Si*: "139. Quando falamos de **'meio ambiente'**, fazemos referência também a uma particular relação: **a relação entre a natureza e a sociedade que a habita.** Isto impede-nos de considerar a natureza como algo separado de nós ou como uma mera moldura da nossa vida. Estamos incluídos nela, somos parte dela e compenetramo-nos. As razões, pelas quais um lugar se contamina, exigem uma análise do funcionamento da sociedade, da sua economia, do seu comportamento, das suas maneiras de entender a realidade. Dada a amplitude das mudanças, já não é possível encontrar uma resposta específica e independente para cada parte do problema. É fundamental buscar soluções integrais que considerem as interações dos sistemas naturais entre si e com os sistemas sociais. **Não há duas crises separadas: uma ambiental e outra social; mas uma única e complexa crise socioambiental.** As diretrizes para a solução requerem uma abordagem integral para combater a pobreza, devolver a dignidade aos excluídos e, simultaneamente, cuidar da natureza. "

Portanto, as ideias descritas são voltadas para aqueles com poucos recursos naturais, problemas sociais e restrições financeiras. Se você não está em uma destas categorias, você pode usá-las facilmente, e até mesmo melhorá-las, de acordo com suas necessidades. Qualquer coisa que você poupar da natureza será bom para os outros.

Devido às condições ambientais severas que algumas pessoas vivem hoje, como secas, exposição a agentes biológicos ou inanição, construir um ecolar aumenta significativamente as suas chances de sobrevivência e, mais importante ainda, restaurar sua dignidade.

O que um ecolar precisa ter? No mínimo tem que permitir a possibilidade de alcançar as principais necessidades de qualquer ser humano, que são:

- abrigo protetor;
- água potável;
- recursos energéticos;
- alimentação nutritiva;
- ar respirável;

- fazer parte de uma família e uma comunidade;
- acreditar em transcendência e na salvação.

As principais necessidades do ser humano nunca mudarão, mas os métodos para alcançá-los variam. É por isso que algumas das ideias funcionam muito bem em alguns lugares, e não tão bem em outros. Sinta-se à vontade para adaptar nossas sugestões às suas necessidades específicas. A adaptabilidade é essencial para a sobrevivência de qualquer espécie.

As cinco primeiras necessidades são físicas, e as últimas duas são espirituais. Nosso trabalho mostra como ter um abrigo amigável ao meio ambiente com energia, água e comida. Ar limpo é encontrado apenas longe das cidades, onde há florestas. As necessidades espirituais podem ser encontradas apenas dentro de uma família e dentro de si mesmo (mais informações no Livro Em Busca de Sentido, do Viktor Frankl). Aconselhamos que você procure qual doutrina é a verdadeira salvação, e evitar falsos profetas e promessas.

Apesar de uma família e uma comunidade não serem feitos de materiais sólidos, seus laços (ou seja, pai-mãe-filhos, algo que nunca vai mudar) são necessários para qualquer pessoa que procura paz, valores morais, preenchimento espiritual e felicidade. Além disso, cada um dos seus residentes deve estar protegido da falta de esperança quando as coisas não acontecem de acordo com o planejado. Ademais, todo ser humano precisa acreditar em algo além de si mesmo, e que tudo o que acontece em suas vidas é temporário, mas a salvação é para sempre.

Certamente uma família bem estruturada vai se beneficiar de uma casa bem estruturada, onde os pais terão condições de viver em paz e formar seus filhos. Além disso, as crianças vão aprender facilmente todos os conceitos relacionados a ciências naturais, porque vão vivenciá-los todos os dias.

Finalmente, percebemos que, quando colocadas em prática, algumas ideias excelentes simplesmente não funcionam. Ex: coleta de água da chuva no Nordeste brasileiro, ou abrigos na África subsaariana impõem desafios únicos. Trabalhamos em um cenário de pior hipótese, portanto:

- não dependa de nenhum apoio governamental. Dessa forma sua sustentabilidade não vai depender de políticos, lobistas, fundos governamentais e coisas do tipo. Inobstante, o trabalho em cooperação é sempre importante, e trabalhar em grupos é parte de nossa vida social;

- acredite que viver não é apenas sobreviver, mas viver com dignidade e segurança. Portanto, ter cômodos espaçosos e paredes sólidas não é supérfluo. Pergunte a si mesmo: "Você viveria em uma casa com paredes finas e espaço para apenas dois?";

- acredite que ideias e soluções simples custam menos. Um painel solar não é acessível para todos no mundo, e mesmo que fossem, quem pagaria por isso? É bom respeitar o meio ambiente, mas quanto você pagaria por isso? Não é razoável pagar 50% a mais por uma maçã orgânica.

Um conceito bem simples de sustentabilidade é pegar da natureza o mesmo que você devolve. Pegar é fácil e inevitável (alimento, água, energia, recursos naturais) mas se você pegar menos, você vai ter que devolver menos para ser sustentável.

Formas de não tirar muito da natureza:

- não desperdice comida, mesmo que ela não esteja própria para consumo (mas não coma neste caso);

- produza menos dióxido de carbono, metano e outros gases do efeito estufa;

- recicle e reutilize água, especialmente onde não há muita chuva;

- use energias renováveis (ar, água, solar, etc.);

- não desperdice materiais usados para construção.

Formas de devolver o que a natureza proporcionou para você:

- plante árvores facilmente adaptáveis ao clima, de forma a produzir mais oxigênio e absorver dióxido de carbono;

- use objetos fora de uso (plástico, metal, etc.) o mais possível;

- tente o máximo possível ajudar com os ciclos da natureza (o ciclo da água é parte do projeto, e você pode ver facilmente que o ciclo do alimento também pode ser ajudado).

A figura abaixo mostra uma maneira simples de demonstrar como podemos manter nosso relacionamento com a natureza (a ideia deste trabalho começou com um projeto escolar). Á medida que o fluxo de recursos (setas vermelhas) está fluindo, os ciclos estão sendo respeitados, e a pessoa pode afirmar que tem uma vida sustentável. Se o ciclo não está fluindo adequadamente (evaporação, fotossíntese das árvores, absorção da água no solo), algumas partes dele estão sobrecarregadas para o benefício da pessoa.

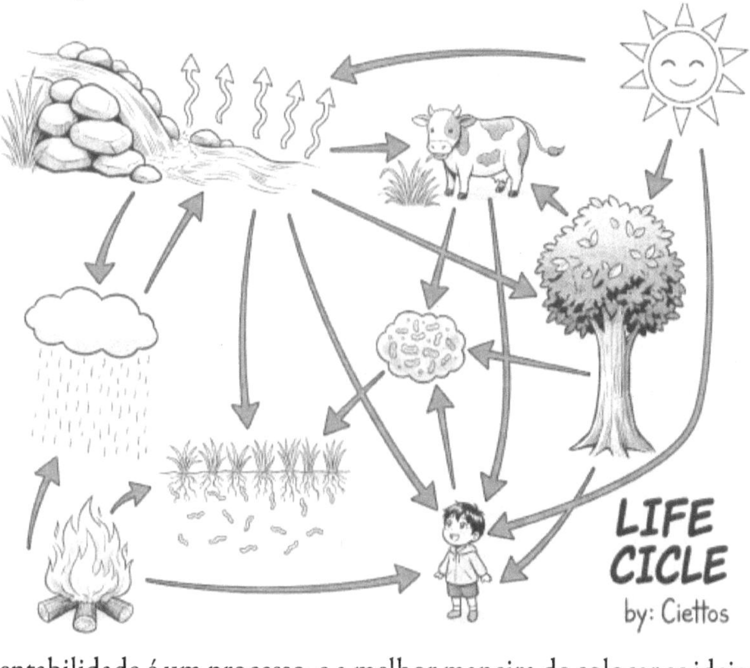

A sustentabilidade é um processo, e a melhor maneira de colocar as ideias em prática é gradualmente. Portanto, não se torne radical, não jogue fora seu carro ou fogão a gás novos, até eles estarem bem gastos (então é o momento de ter um carro que funciona com eletricidade ou etanol, e um fogão elétrico).

Contudo, esteja ciente que tornar-se sustentável leva algum tempo, dinheiro e trabalho. Mas, quando você o alcançar, você será livre. Não totalmente independente, mas o governo não vai afetar tanto a sua vida e sua família. Liberdade é o objetivo de todo ser humano, e trabalhar e lutar por ela vale cada segundo, centavo e suor gasto.

Abrigo

Numa situação de sobrevivência a pessoa pode tentar encontrar água ou comida primeiro. Inobstante, em um abrigo ela estará longe de muitos perigos, e será capaz de satisfazer suas outras necessidades com mais facilidade. A falta de um lugar adequado para viver é o problema mais notório nos países pobres, e daí vem o uso excessivo de outros recursos (mais energia para resfriar casas com isolamento térmico ruim, água poluída em virtude de todo tipo de dejetos enviados diretamente ao suprimento de água, etc.). A falta de habitação é também uma causa importante para a ruptura das famílias.

Encontrar um lugar para construir uma casa em uma área urbana pode ser difícil, devido ao custo alto da terra, mas é muito mais seguro construir seu ecolar em uma área pequena e segura do que em um lugar maior com risco de alagamento e outros desastres naturais. Ademais, pessoas que moram na área rural podem querer mais espaço para agricultura.

Projetamos uma casa baseada numa propriedade de 175 metros quadrados, baseado em custos imobiliários e legislação local em muitas cidades de países pobres. Uma propriedade de 7 x 25 m costuma ser o mínimo disponível, e é o suficiente para quatro ou cinco pessoas viverem em boas condições (35 a 43 metros quadrados por pessoa).

Se o seu local é maior que 7 x 25 m, use o espaço extra para plantar árvores ou plantas comestíveis, mas tenha cuidado ao escolher as plantas, algumas podem atrair animais peçonhentos, ou as raízes podem crescer horizontalmente e afetar a construção. Da mesma forma, não plante árvores que vão crescer mais que 8 metros e fazer sombra no telhado com os painéis solares.

A casa pode eventualmente ser usada para ainda mais pessoas, uma vez que em países pobres é comum que quinze ou mais pessoas vivam debaixo do mesmo teto. Não é a situação ideal, mas o cenário de pior caso que queremos lidar.

Certamente este espaço não está mais disponível em Nova Iorque, São Paulo ou Tóquio, onde mais de 500 pessoas vivem em um prédio que usa 1.000 metros quadrados de terra. Este tipo de habitação (2 metros quadrados por pessoa) exige muita energia e recursos, e está longe de ser sustentável. Para aqueles nesta situação usar as ideias de água e energia explicadas abaixo é de suma importância.

Vamos também considerar que o local não tem serviços de energia, água ou esgoto. Se tiverem, é bem provável que eles não sejam sustentáveis ou confiáveis, portanto é melhor pensar em viver fora da rede.

A casa projetada abaixo é muito simples, e você pode adaptá-la para as suas necessidades. Mas lembre-se que a reutilização e reciclagem da água dependem da gravidade para funcionar. Se possível, construa o eixo principal na direção leste-oeste, e o telhado mais baixo com face para o norte (Hemisfério Sul) ou para o sul (Hemisfério Norte), de modo a aquecer a água usada para produzir energia.

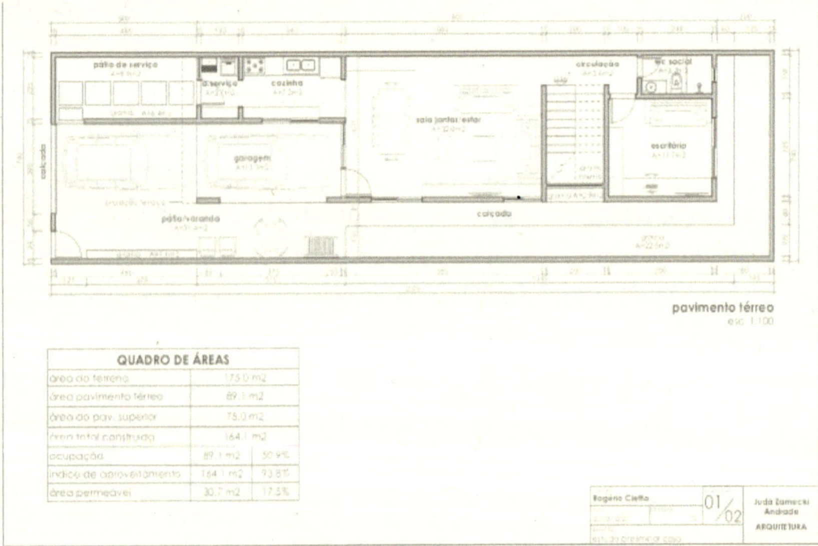

QUADRO DE ÁREAS		
área do terreno	175.0 m2	
área pavimento térreo	89.1 m2	
área do pav. superior	75.0 m2	
área total construída	164.1 m2	
ocupação	89.1 m2	50.9%
índice de aproveitamento	164.1 m2	93.8%
área permeável	30.7 m2	17.5%

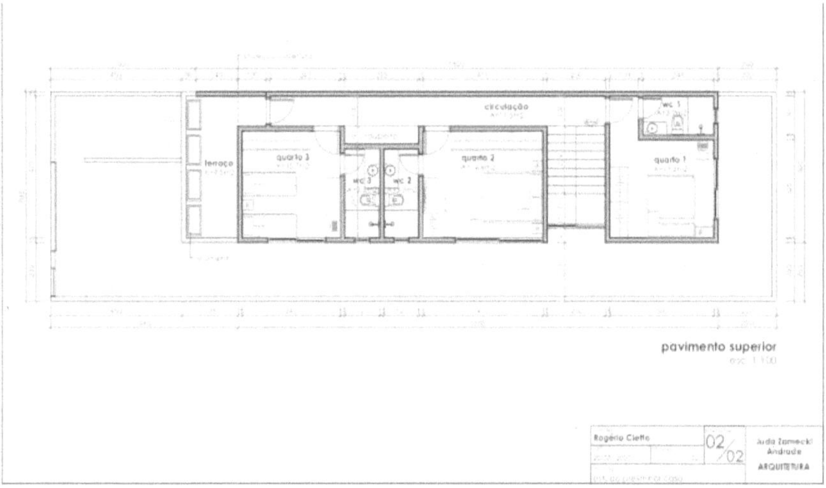
circulação
terraço
quarto 3
quarto 2
quarto 1
wc 3
wc 2
wc 1
pavimento superior
esc. 1:100
Rogério Cietto
02/02
Juda Zamecki Andrade
ARQUITETURA

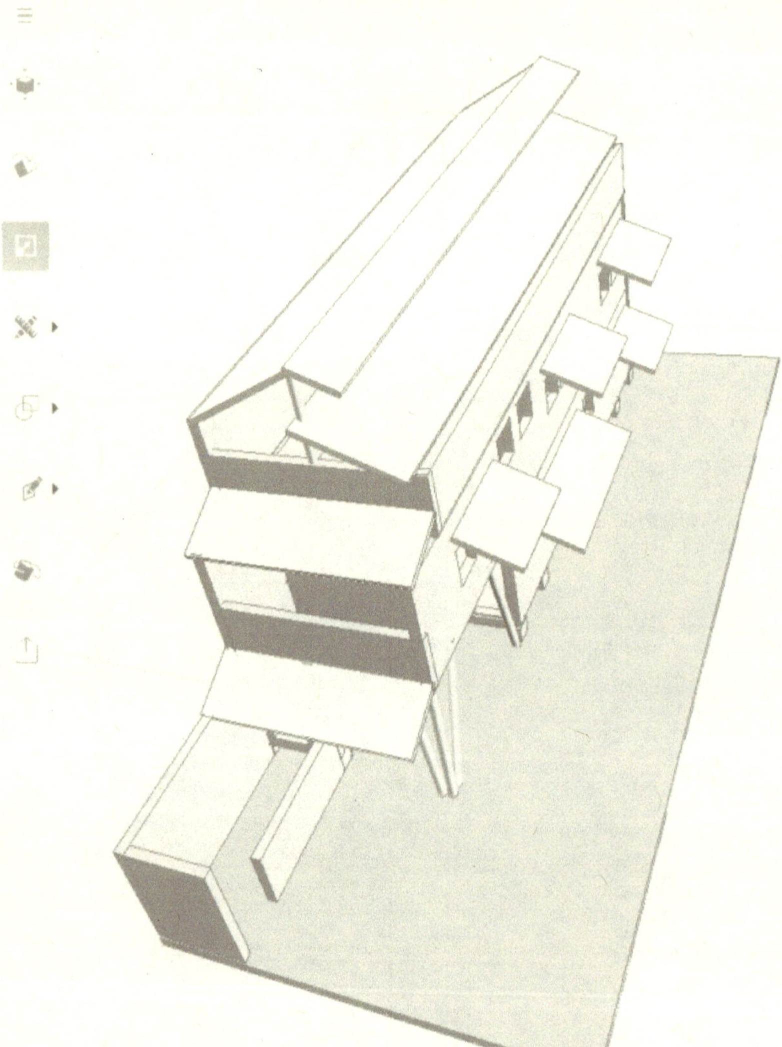

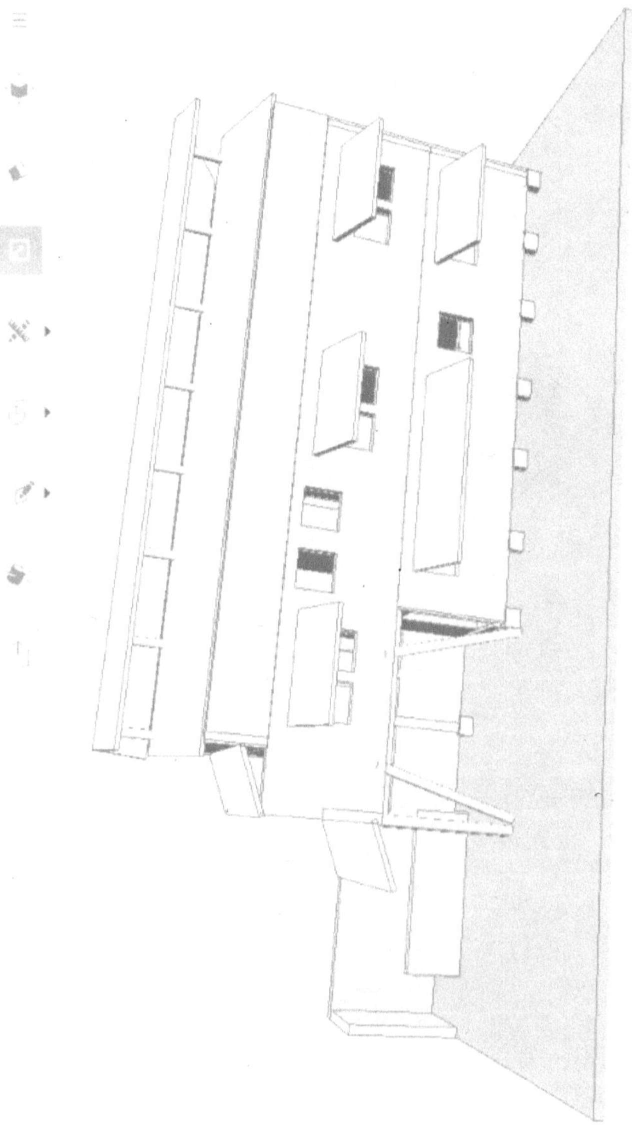

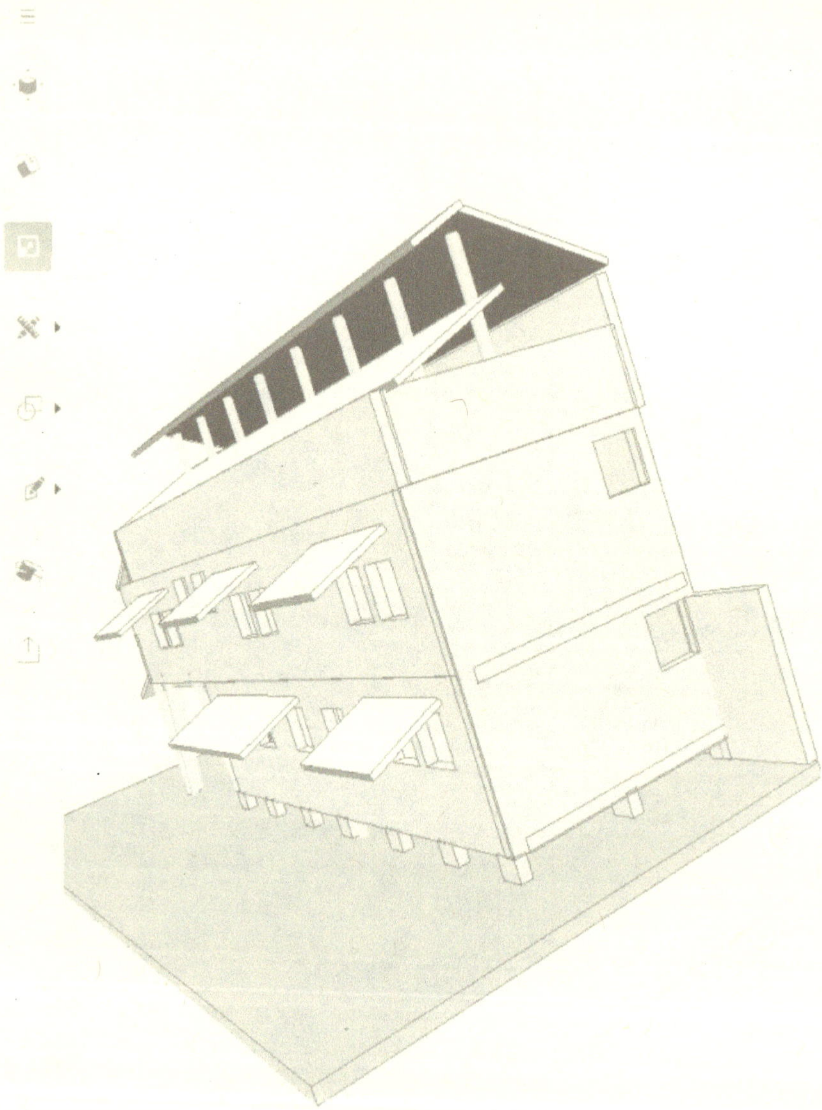

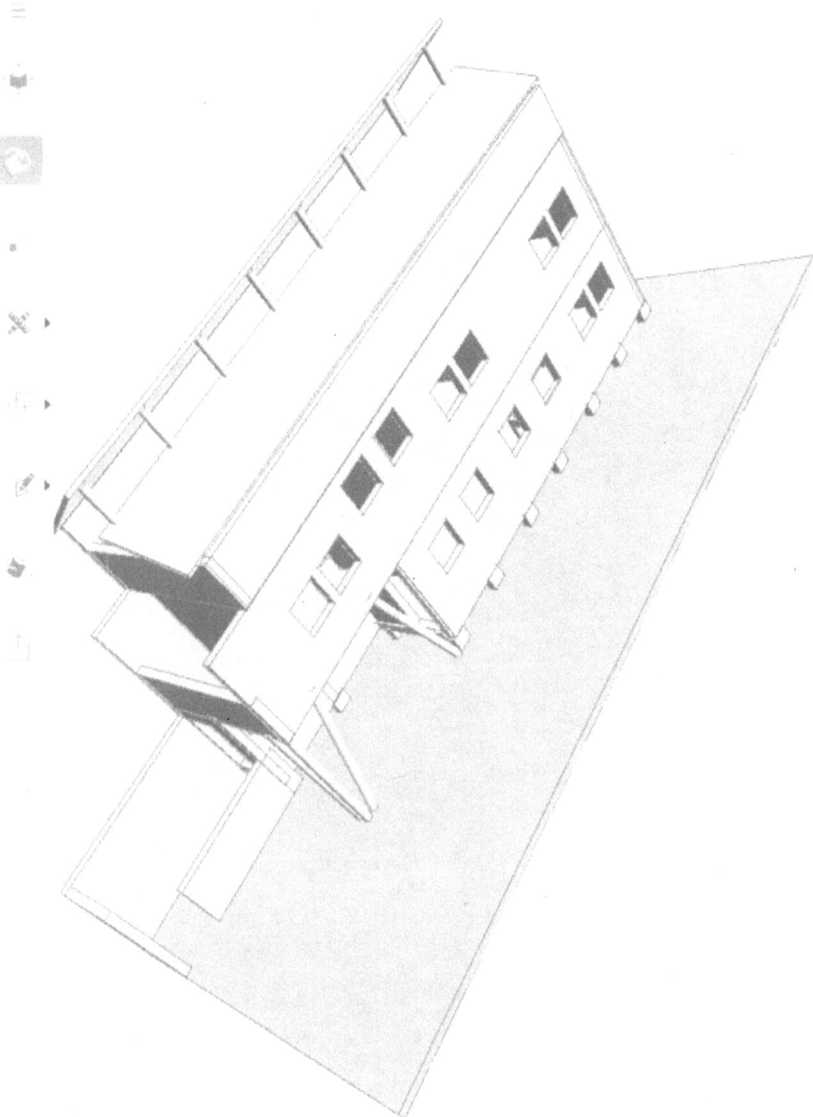

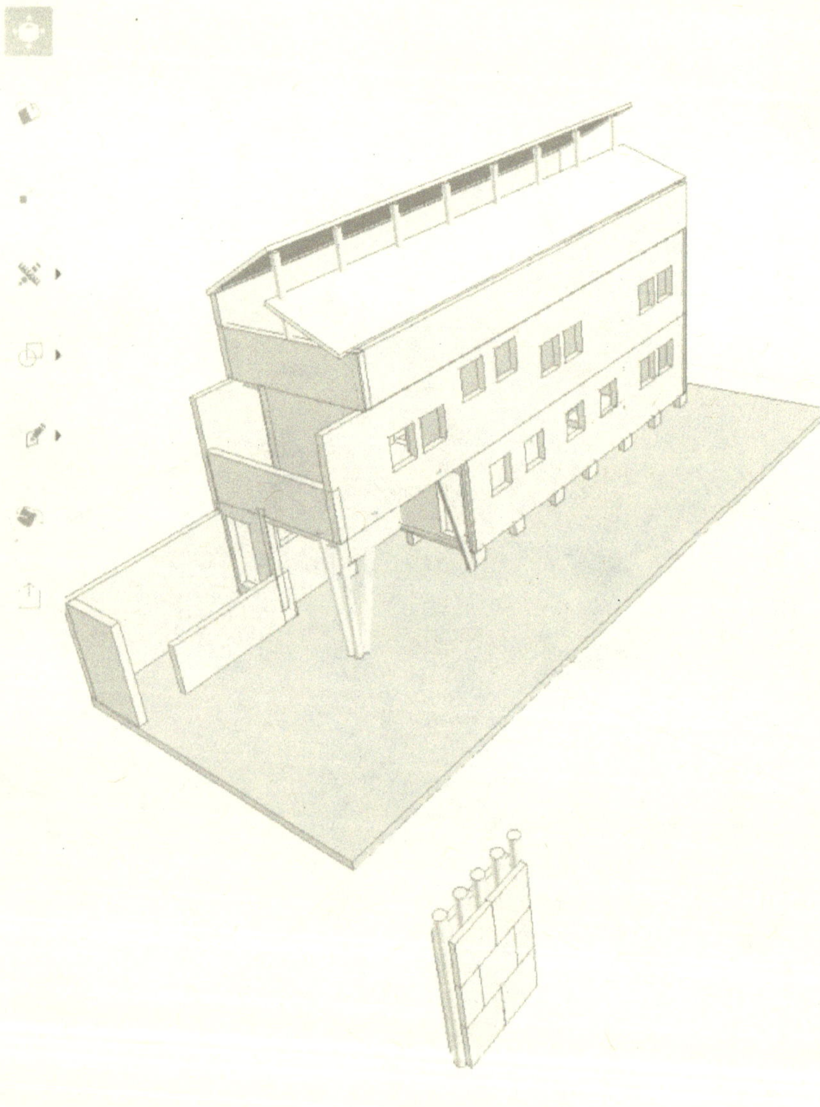

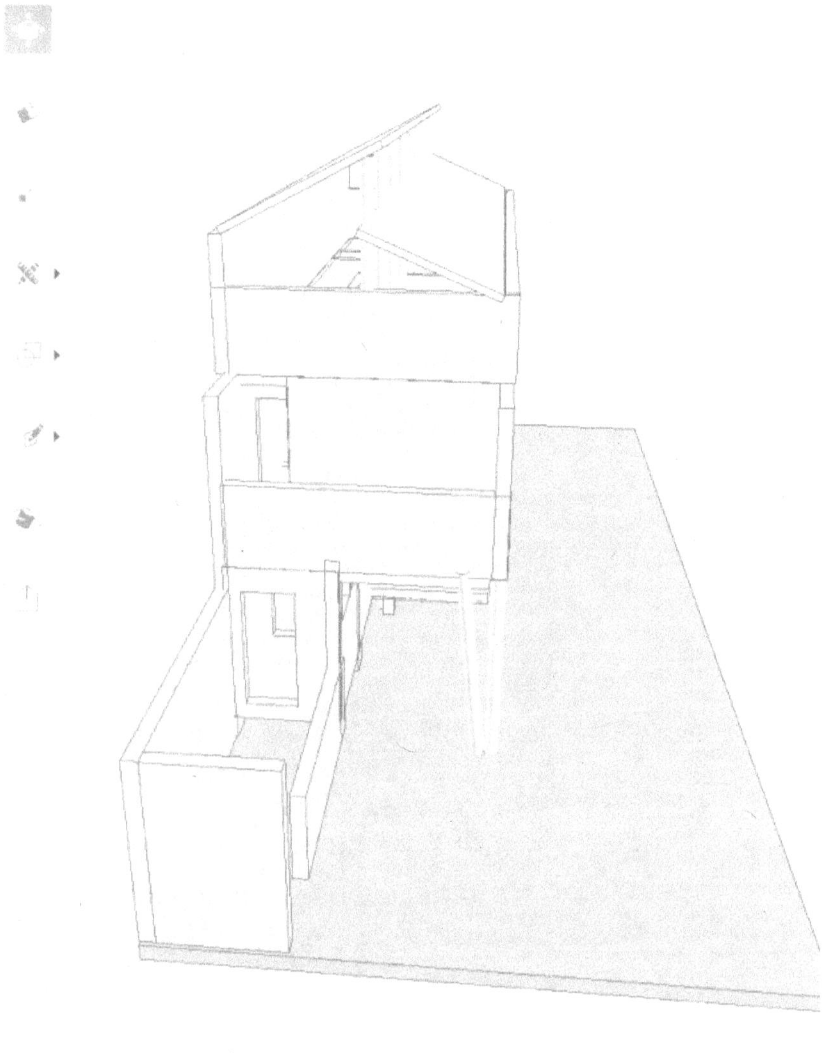

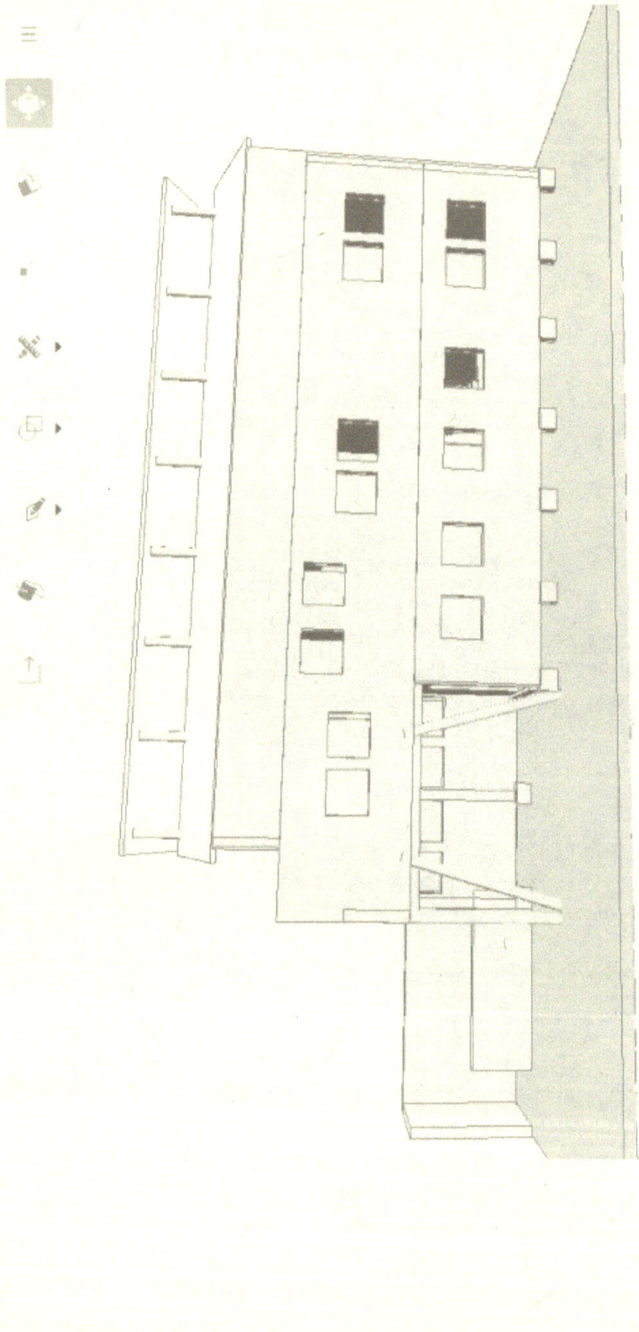

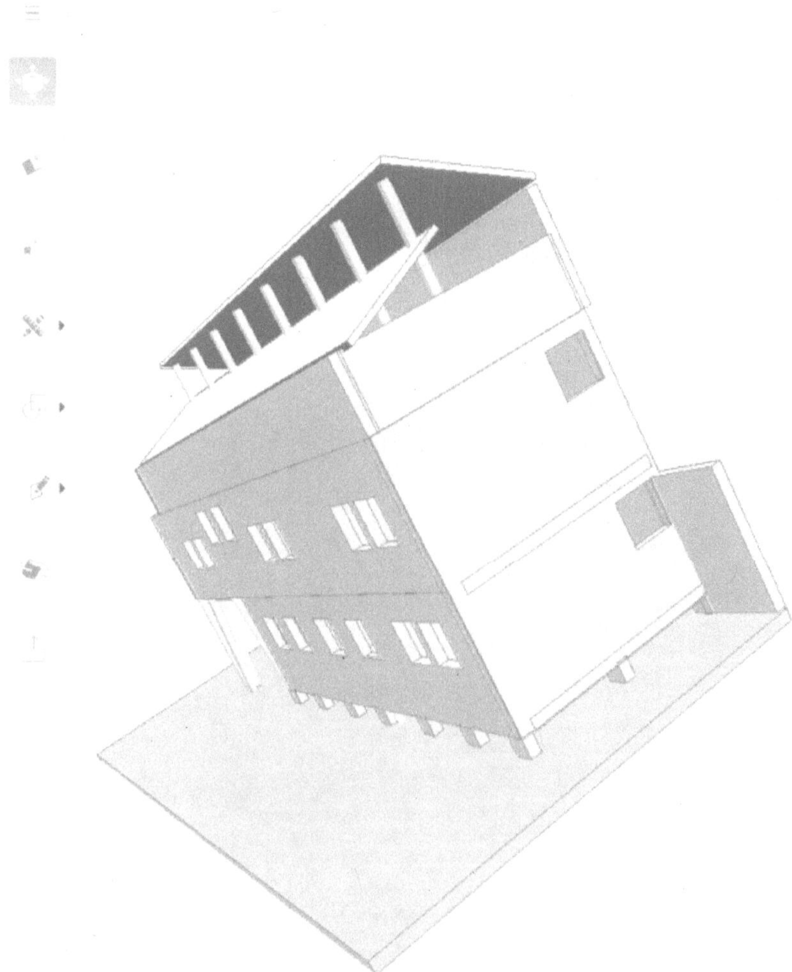

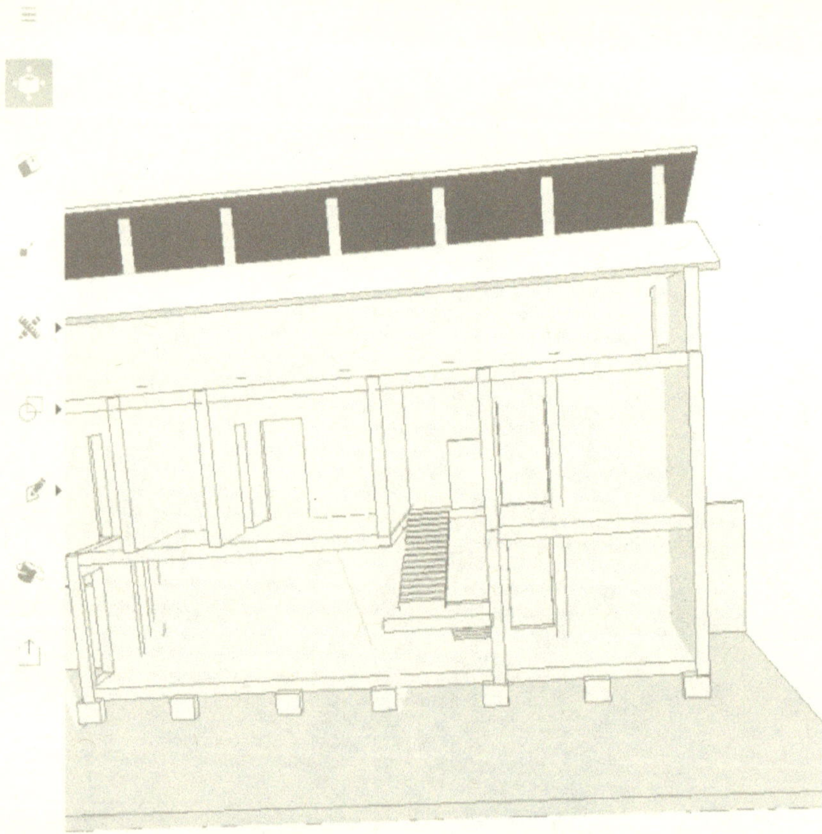

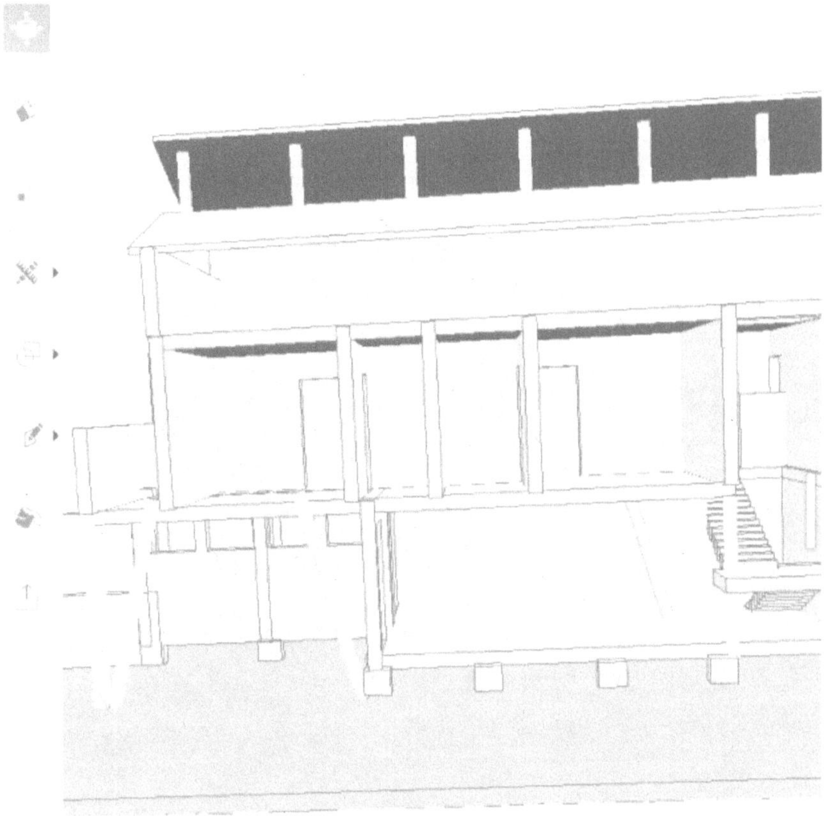

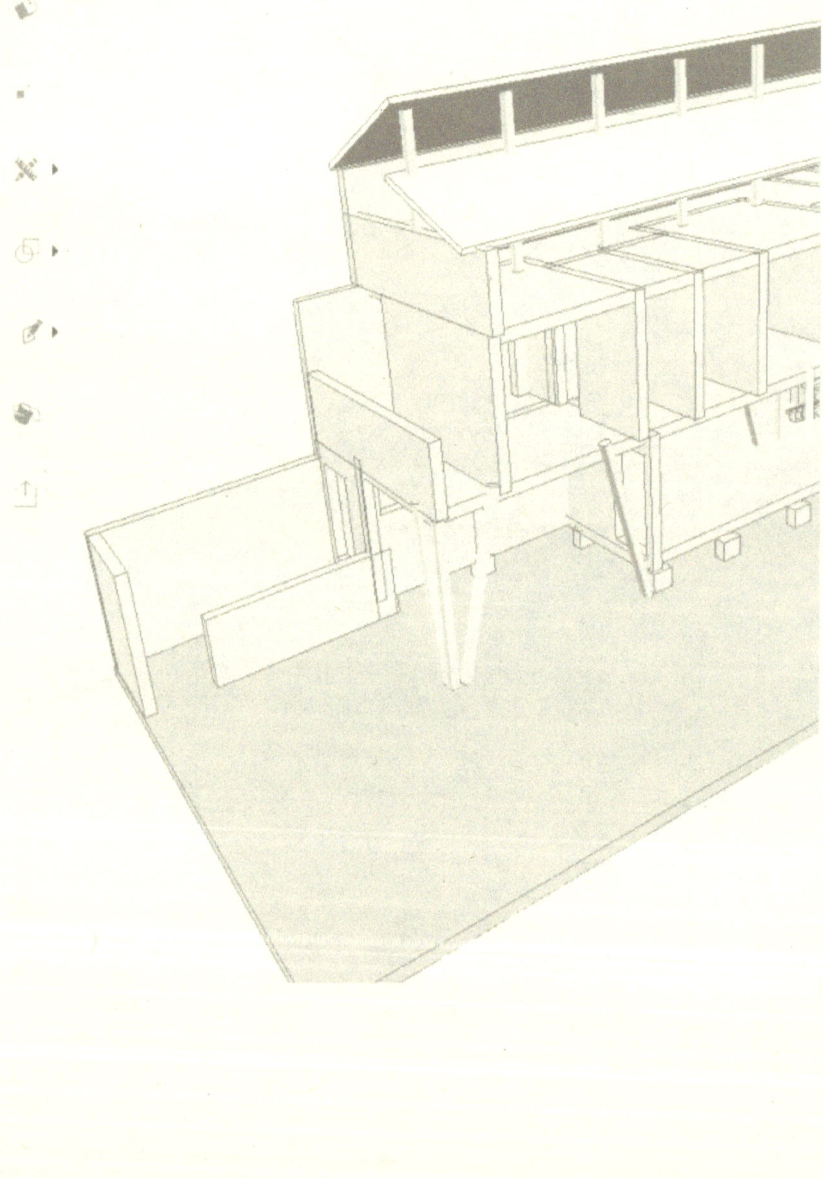

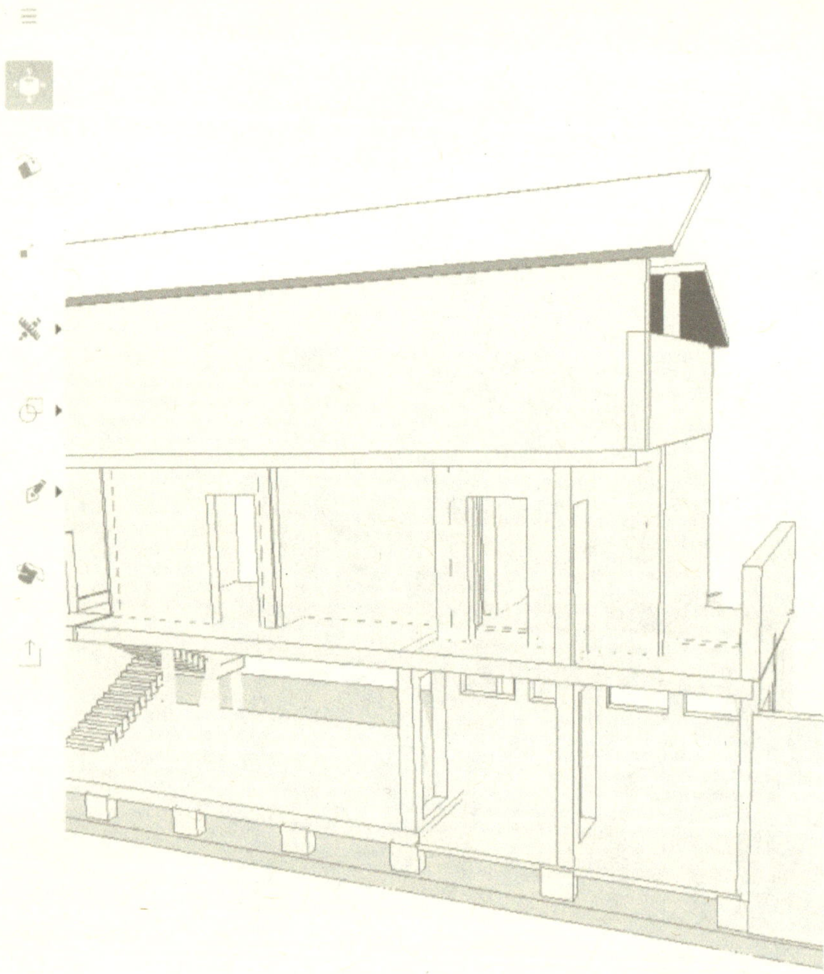

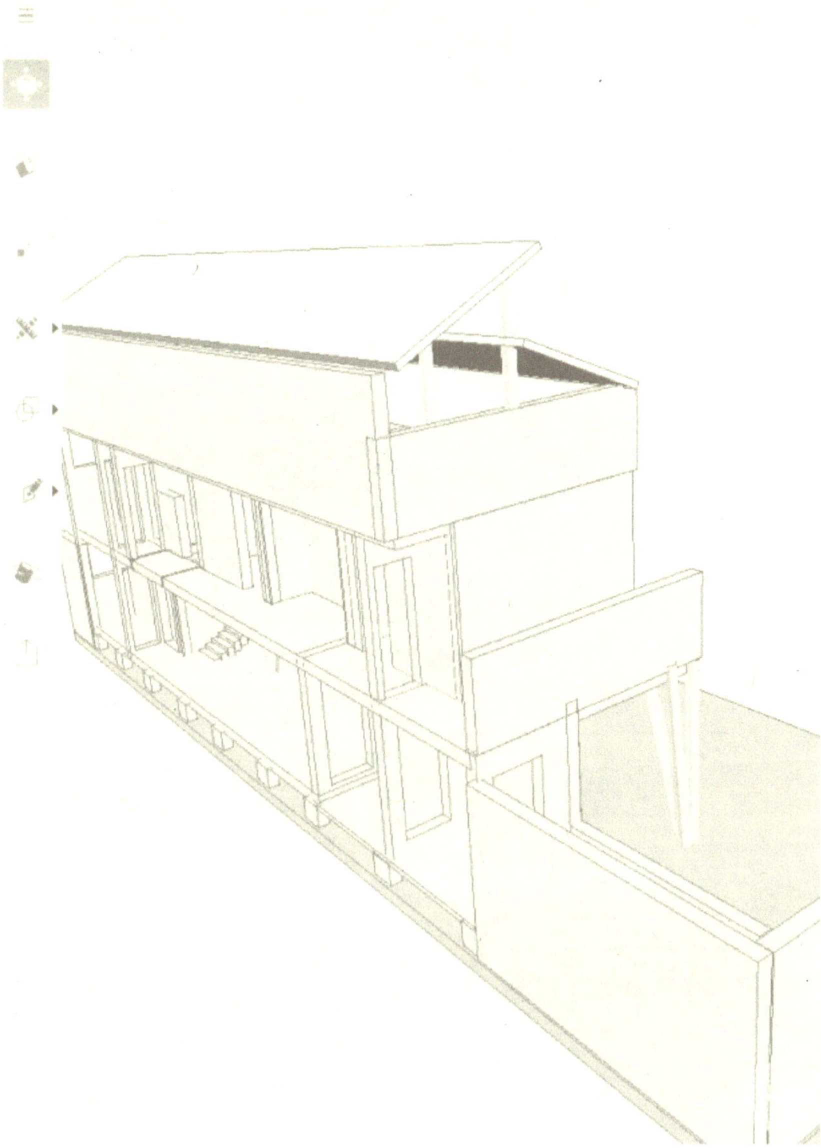

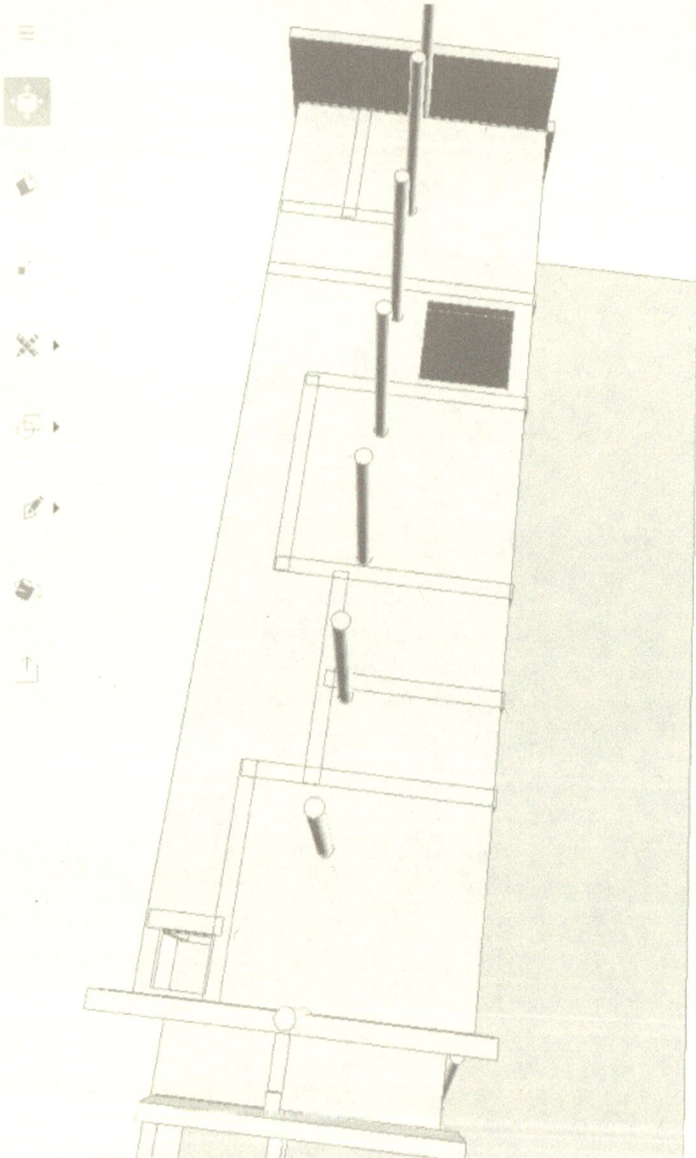

As janelas principais devem estar voltadas para o norte ou para o sul, dependendo de onde você vai construir, na mesma direção do telhado mais baixo. No hemisfério norte as janelas devem estar voltadas para o sul e no hemisfério sul as janelas devem estar voltadas para o norte. As imagens abaixo mostram a posição da casa de acordo com a latitude (linha do Equador em vermelho, Trópicos em verde).

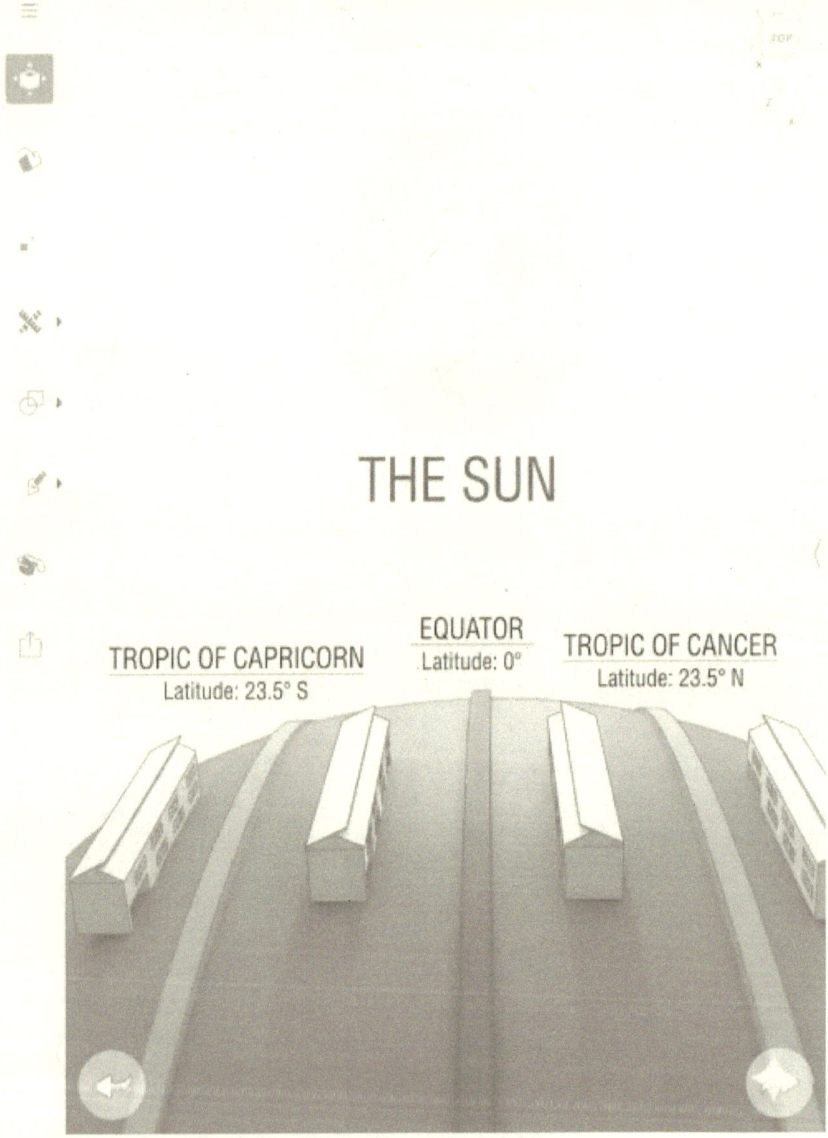
THE SUN
TROPIC OF CAPRICORN
Latitude: 23.5° S
EQUATOR
Latitude: 0°
TROPIC OF CANCER
Latitude: 23.5° N

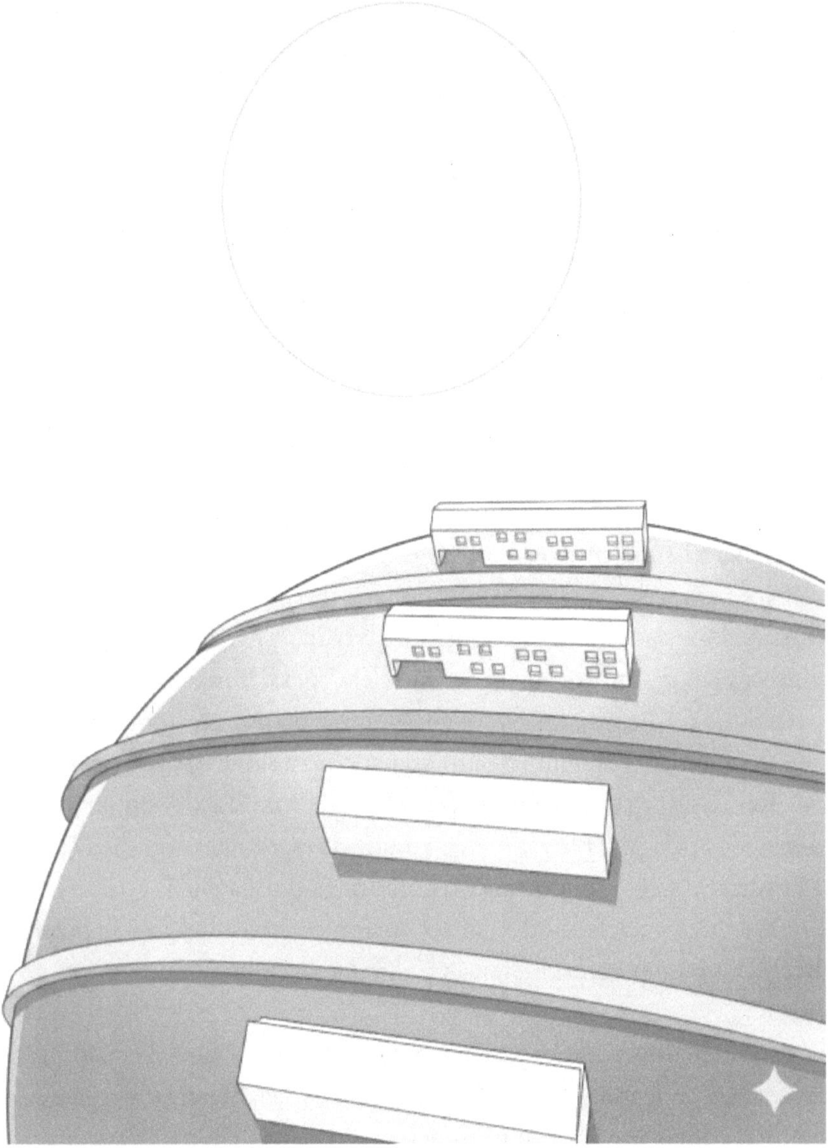

Se a parede onde estão as janelas está próxima de um muro ou parede vizinha, é importante pintar esta parede oposta às janelas de branco para permitir uma boa iluminação para a casa. Se possível construa a parede das janelas a uma **distância de no mínimo seis metros** de outra parede ou muro, permitindo assim iluminação adequada e uma área para plantar árvores de grande porte.

Primeiro andar: garagem, sala de estar, sala de jantar, cozinha, lavanderia, jardim de inverno, banheiro, escritório, escadas para o segundo andar e quintal.

Plante algo aromático no jardim de inverno. O jardim de inverno e parte das escadas estão abertas até o teto, para proporcionar boa ventilação e alguma iluminação.

Todo resíduo orgânico seco é queimado na fornalha nos fundos da casa, gerando energia para ferver a água, purificando-a. O vapor é usado no gerador de energia no terceiro andar. Se não houver material combustível suficiente, use o biogás do biodigestor ou uma resistência elétrica para ferver a água (você vai precisar de um gerador manual para funcioná-lo, ou usá-lo quando não houver mais nada ligado; você pode também usar um quadro de bicicleta para funcionar o gerador pedalando). Quando o vapor chega no telhado, ele movimenta um gerador elétrico, condensa e é armazenado no tanque de água quente.

Resíduos orgânicos úmidos (ex. restos de comida) devem ser moídos e enviados pela pia. Ele vai para o tanque de esgoto para produzir biogás e fertilizar o solo. É importante ter um triturador na pia da cozinha.

Materiais reciclados devem ser separados e reutilizados, se possível. Recipientes com cores diferentes e alguma disciplina é tudo o que você precisa.

Existem dois tanques para o esgoto: um é para a água da máquina de lavar, você pode usar para molhar suas plantas, lavar o terraço, a garagem, etc. Esta água servida é um bom pesticida, mas ele não destrói ervas daninhas.

O restante do esgoto (cozinha, toaletes, banheiros), vai para outro tanque. Através da decantação os líquidos (parte de cima) vão para outro tanque, situado em cima da fornalha, na parte de trás da casa, de forma a serem evaporados, enviados para o alto como vapor para movimentar um gerador elétrico no segundo andar, e condensados novamente para serem usados no tanque de água quente.

O esgoto remanescente vai para um biodigestor sem odor para produzir biogás, que pode ser enviado para o fogão da cozinha ou enviado para a fornalha, para fazer evaporar a água do esgoto. É importante construir o biodigestor perto da cozinha (mas distante cinco metros do fogão), e a fornalha nos fundos da casa, assim o biogás produzido e a fornalha estão distantes um do outro. Próximo do biodigestor você pode usar outro tanque para coletar o biodigestato (o produto remanescente da biodigestão) e usá-lo como fertilizante, ou enviá-lo para a fossa.

Segundo andar: quarto de casal com banheiro, escadas e dois quartos de solteiro, cada um com banheiro). As janelas podem receber uma cobertura para fazer sombra durante o verão, e em regiões de clima quente as janelas devem estar todas voltadas contra o sol.

Terceiro andar: tanques para coletar água da chuva instalados em cada canto, num total de quatro (é mais fácil e barato ter quatro tanques com água pronta para usar do que uma cisterna grande no solo. Existem também dois tanques de água quente, e três geradores de energia elétrica (dois usando o vapor dos aquecedores solares e um do vapor da fornalha. Os tanques de água fria podem estar interconectados, de forma a dividir sua capacidade (capilaridade). É necessário bombear eventualmente água fria para o tanque de água quente, portanto você vai precisar de uma bomba hidráulica com sensor.

Também é importante respeitar a legislação local ao projetar sua casa. Um requisito comum é que ao menos 20% da área total não seja construída (área verde). A garagem e o quintal proporcionam área construída suficiente para alcançar os 20%. Do modo como está exposto, o projeto tem aproximadamente 164 metros quadrados de área construída (89 m^2 ocupado no terreno), e 30 metros quadrados de área permeável (área verde) mais o terraço permeável. Se sua propriedade é maior que 7 x 25 m, apenas siga o projeto e haverá bastante verde.

Materiais usados variam de acordo com a disponibilidade local. Supomos que em qualquer lugar do mundo alguém possa encontrar bambus, uma planta muito versátil e durável, desde que tratada. O tratamento do bambu com bórax é considerado hoje o mais adequado para o uso humano e para o meio ambiente. Outra vantagem do bambu é a capacidade de crescimento da planta e a recuperação do solo. Você também pode usar madeira, tijolos ou outros materiais renováveis, mas eles podem custar mais caro.

Bambus adequados para construção incluem as espécies *Guadua Angustifolia* e *Dendrocalamus Asper*, são de fácil plantio e adaptam-se bem a climas tropicais. Depois de tratados os bambus devem ser separados pela espessura de suas paredes. Paredes grossas (>1 cm) devem ser usados como estruturas, e os demais divididos em tiras e colados em duas camadas, uma na horizontal e uma na vertical, formando uma peça chamada Bambu Fatiado Colado (BFC). Bambus muito finos para o BFC podem ser usados para emendar duas peças de bambu, passando por dentro e fixando. Utilize furadeira e parafusos para fixar as peças e formar estruturas para paredes e pisos. Para unir peças de bamboo para vigas e colunas utilize canos ou barras de metal.

Apesar de a casca do bambu ter uma boa proteção contra o sol e a chuva, é importante utilizar uma camada de verniz impermeabilizante ou manta líquida impermeabilizante, nas peças soterradas ou mais expostas as intempéries, para aumentar a vida útil do conjunto.

Este é um exemplo de como montar peças de bambu e BFC para construir paredes e pisos. Todos os BFC são de 1 m x 1 m, e as peças de bambu são de 3 m x 20 cm. Para instalar uma janela basta desmontar (ou deixar aberta) um BFC, e reforçar as laterais. Para portas abra duas ou mais peças de BFC. Na montagem de vigas e colunas use peças mais grossas (espessura de 1 cm ou maior).

Vantagens desta montagem: é muito fácil de montar, manter e reparar; instalar e manter canos e fios é mais fácil ainda; é criado um sistema eficiente de refrigeração, de forma que o ar quente sobe continuamente nos espaços abertos dentro das paredes, deixando o lado interno frio o suficiente, mesmo no calor da região amazônica. Para regiões de clima frio você precisa preencher os espaços livres com argila, espuma ou outro isolante térmico.

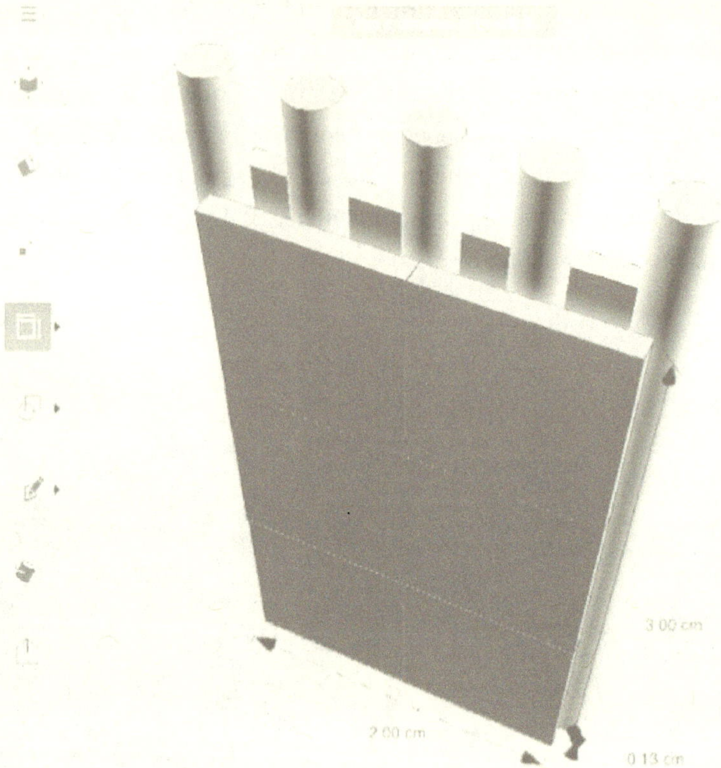
3.00 cm
2.00 cm
0.13 cm

This is... artisanal split bamboo wall...
SHIII
BAMBU-
This is... artisanal split bamboo wall...
What a unique bamboo structure!

This is... artisanal split bamboo wall...
SHIII
BAMBU-
This is... artisanal split bamboo wall...
ギィン
What a unique bamboo structure!

Plásticos, argila e outros materiais também oferecem um bom isolamento térmico, importante para impedir que o calor entre no calor e saia no frio. Portas e janelas também devem possuir bom isolamento. Não dependa no ar condicionado para resfriar ou aquecer sua casa, apenas porque é mais barato de construir. O custo vai ser muito mais alto para mantê-la habitável.

Água

A água pode ser encontrada debaixo da terra, mas perfurar pode ser muito caro, e a água que você coletar precisa ser bombeada para o topo. Uma solução mais simples é coletar a água da chuva, disponível mesmo em locais secos como o semiárido no Nordeste brasileiro.

Reciclar a sua água de esgoto é outra maneira de obter este recurso importante, e é essencial para uma vida sustentável em locais sem nenhum serviço de coleta de esgoto sustentável à disposição. Ainda, usar menos água vai ajudar. Por exemplo, toaletes com duas opções: fluxo curto e longo.

A água de esgoto precisa ser fervida ou filtrada antes do uso. Quanto mais você usar, mais você vai precisar purificar. Portanto, é sábio reutilizar a água (do chuveiro para o toalete, e da máquina de lavar para limpar a casa).

A água de esgoto é fervida usando duas fontes: restos orgânicos secos, papel não reciclável e biogás do biodigestor são queimados abaixo dele (polui bem menos do que esperar pela biodegradação, e é considerado sustentável se ele não puder ser reciclado) e também um aquecedor ou resistência elétrica (movida por um gerador de energia manual, adapte-o a um quadro de bicicleta).

A energia produzida pode ser maior que o consumo durante o dia, então esta energia extra pode ser usada para aquecer a água servida e enviar o vapor para cima. Como o sistema acima usa água quente para gerar eletricidade, é uma maneira muito simples de guardar energia (a energia potencial na forma de pressão d'água é guardada nos tanques de água quente, e se torna energia elétrica quando necessário).

Sempre use sabão e detergente com tensoativos biodegradáveis (especialmente com glicerina, as bactérias do biodigestor vão multiplicar a produção do biogás), assim o remanescente do sistema de reciclagem de água pode ser usado (o biogás é produzido no biodigestor, e enviado para o fogão ou para ferver a água servida) e como fertilizante. O resíduo orgânico tem que ser moído e enviado pela pia. Filtre toda a água utilizada, porque o cloro vai impedir que as bactérias anaeróbicas produzam biogás.

Jamais use soda cáustica (hidróxido de sódio) para desentupir pias e ralos, esse produto químico vai arruinar o biodigestor e exigir uma limpeza geral nos tanques para poderem gerar biogás novamente.

Se você eventualmente produzir água servida em excesso, você pode precisar jogá-la fora, então construa uma fossa no quintal, coloque algumas pedras no fundo para filtrar a água dos dejetos, e perto dela plante algumas plantas que consomem bastante água. Mas use isso apenas como último recurso, apenas se você não puder reciclar a água, ou durante a estação chuvosa.

Além dos quatro tanques de água no terceiro andar, ou em locais secos com poucas chuvas, é construir uma cisterna no primeiro andar, e usar uma bomba d'agua para enviar a água para o tanque de água, para uso. Construa-o no quintal, aberto no topo, acima da fossa, e use um pouco de cloro para mantê-lo limpo (como uma piscina).

Você pode jogar óleo vegetal ou gordura animal na pia da cozinha (nunca óleo mineral). Ele vai ser bem consumido pelas bactérias anaeróbicas, mas não envie demais. Você também pode usá-lo para fazer sabão (misture-o com hidróxido de sódio, também conhecido como soda cáustica, e um xarope de folhas ou cascas aromáticas (bambu, pinheiro, eucalipto, cipreste e similares são também bons agentes bacteriológicos). Ou simplesmente queime-o, se você não tiver tempo.

Laundry Powder
Softener
The water is collected ...
...and filtered
Wash Cycle
Regular
Rinse
Wash Cycle
...and ready to use for the next load!
It's a lot of work, but it's important!
Washing Bucket - Cleaned Wa

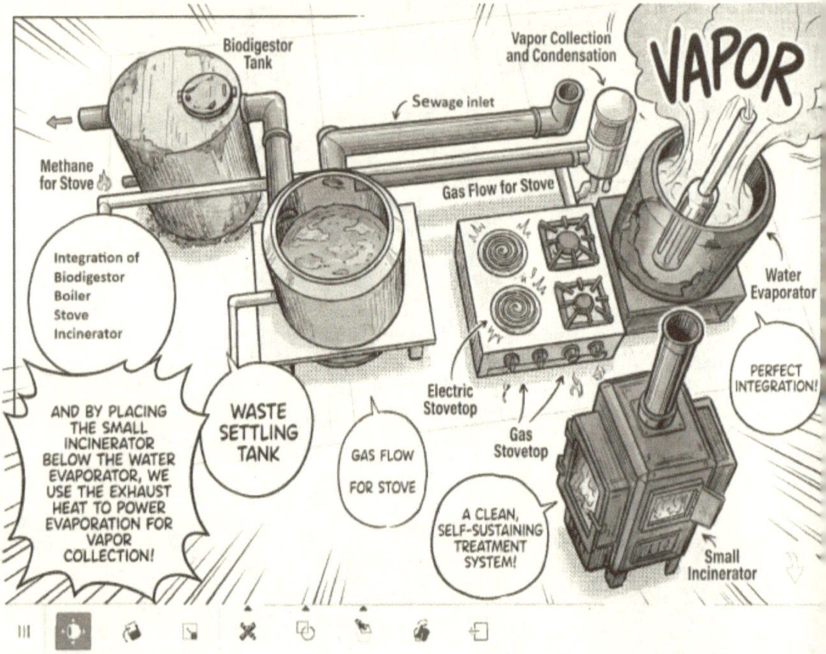
Biodigestor Tank
Sewage inlet
Vapor Collection and Condensation
VAPOR
Methane for Stove
Gas Flow for Stove
Integration of Biodigestor Boiler Stove Incinerator
Water Evaporator
PERFECT INTEGRATION!
Electric Stovetop
Gas Stovetop
AND BY PLACING THE SMALL INCINERATOR BELOW THE WATER EVAPORATOR, WE USE THE EXHAUST HEAT TO POWER EVAPORATION FOR VAPOR COLLECTION!
WASTE SETTLING TANK
GAS FLOW FOR STOVE
A CLEAN, SELF-SUSTAINING TREATMENT SYSTEM!
Small Incinerator

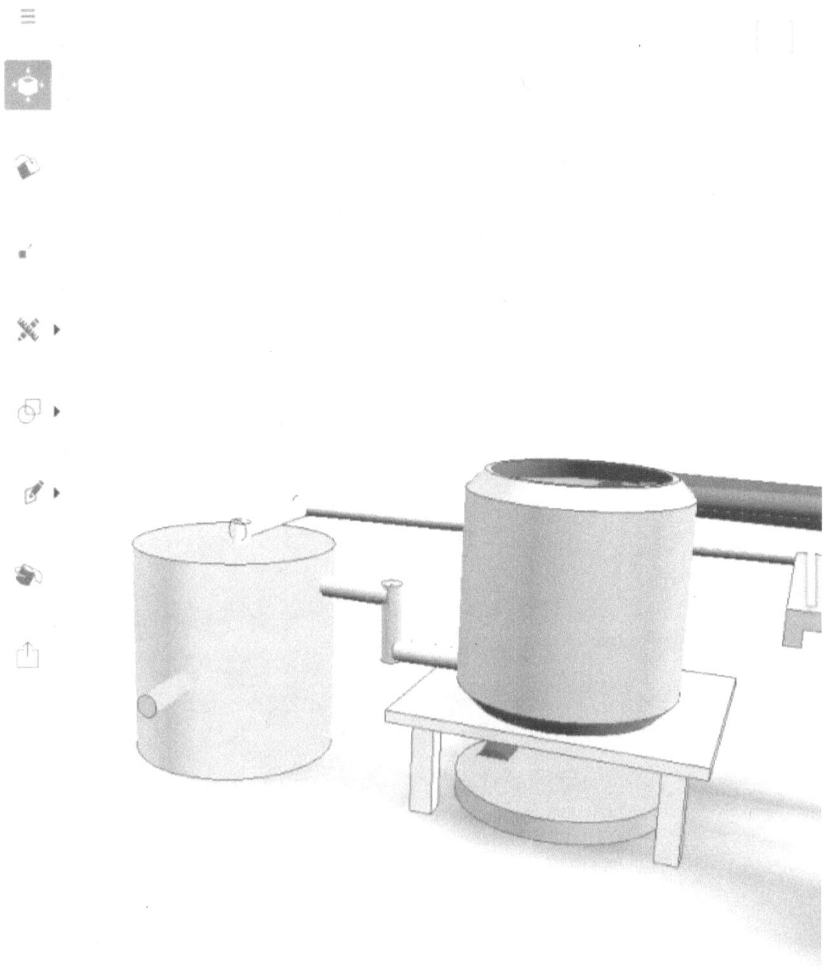

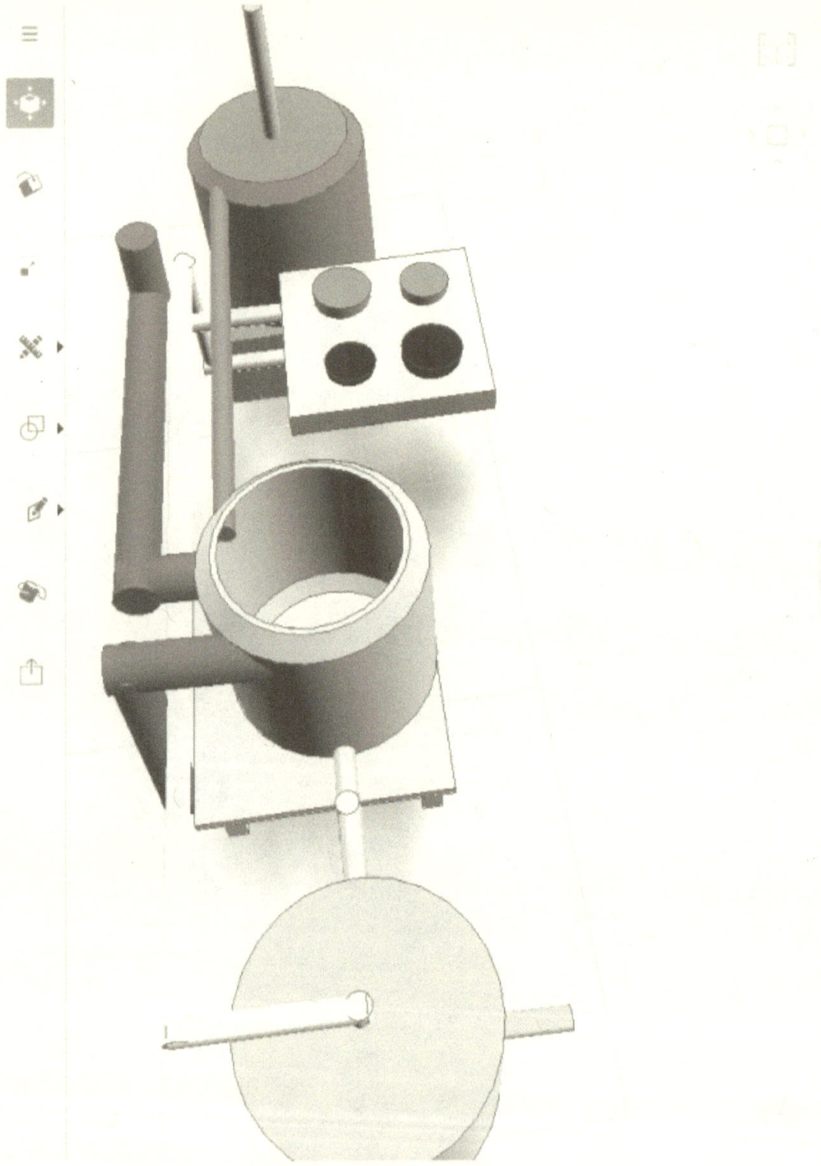

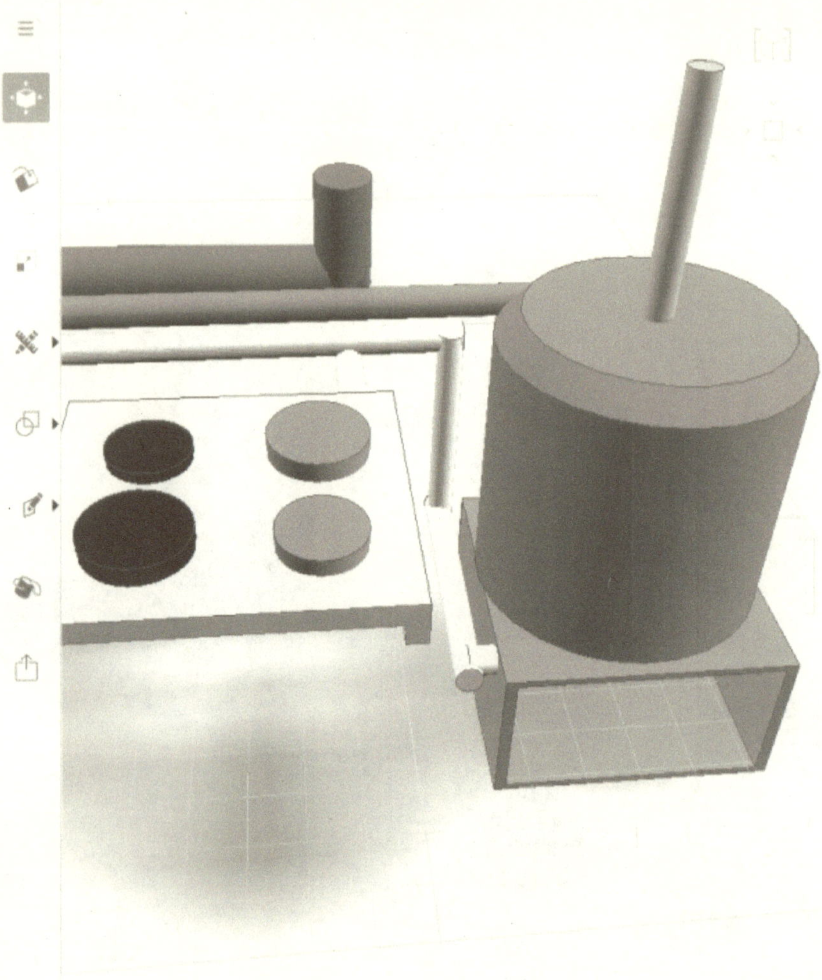

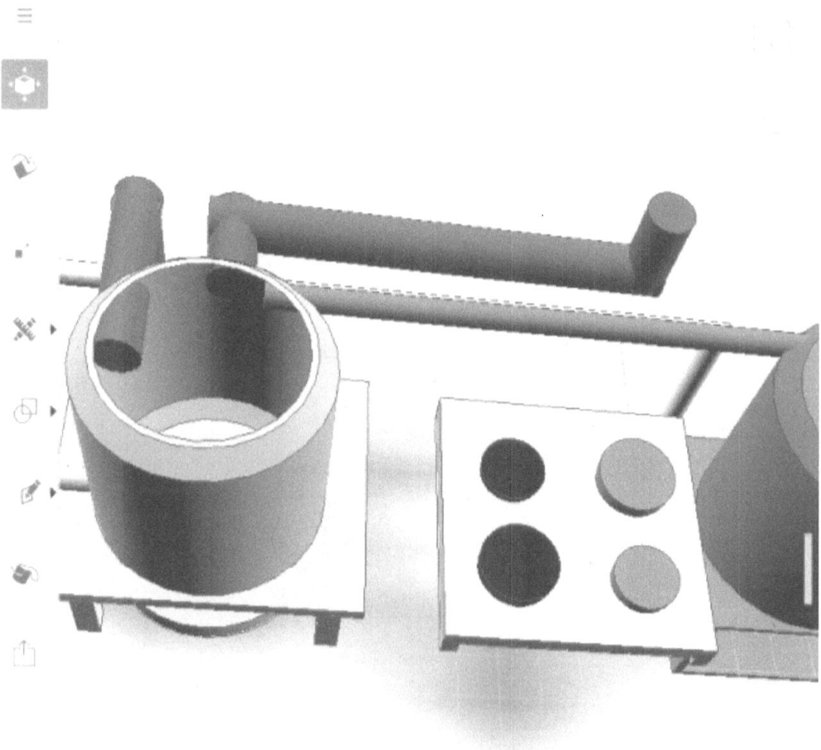

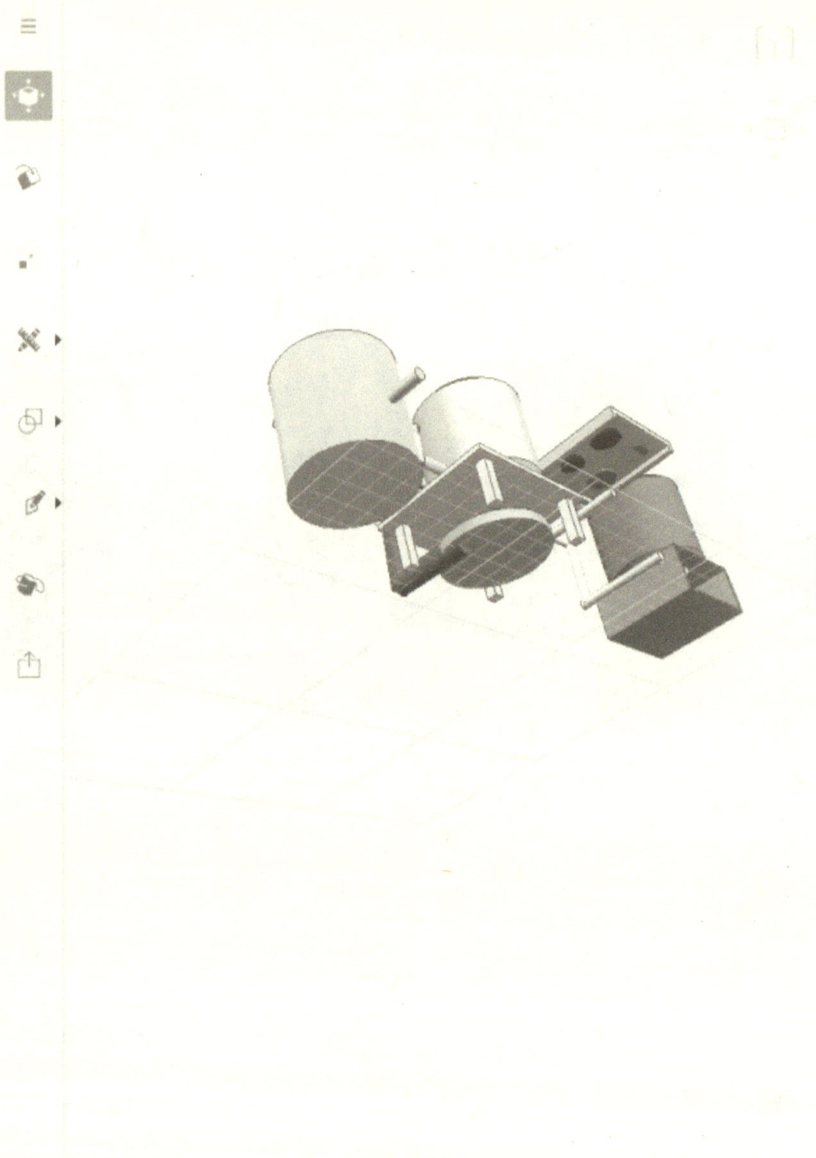

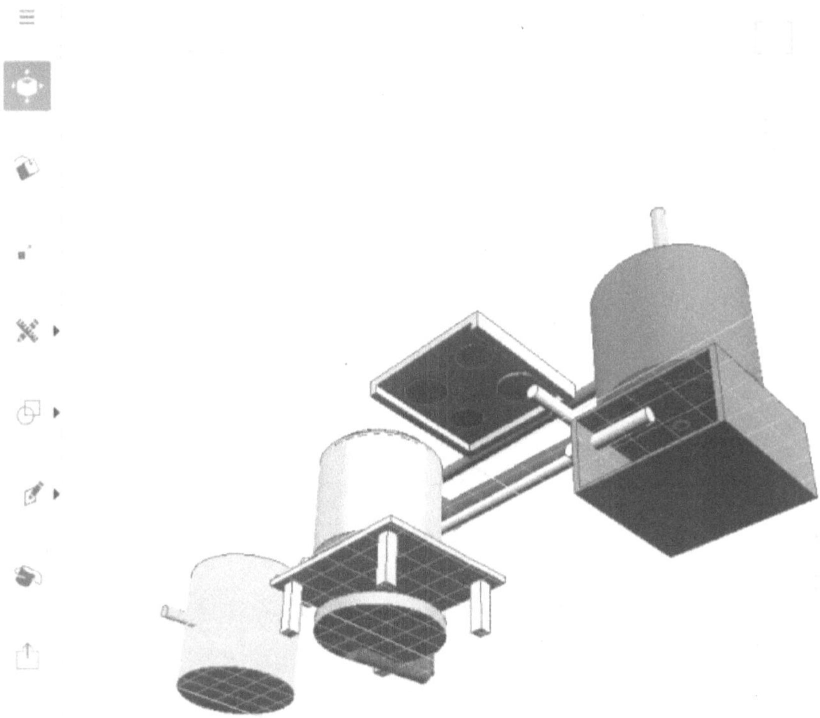

A máquina de lavar (quadrado branco) e seu tanque (azul escuro) devem ser instalados 40 cm acima do piso, para facilitar a disposição da água com uma torneira.

Este sistema de esgoto (canos marrom escuros) contém um biodigestor (verde), um tanque para o esgoto (marrom claro), onde vão ser decantados os sólidos e os líquidos de sua água servida, uma fossa (laranja), para o eventual excesso de água servida, tanque de fervura (roxo), vapor (cano azul claro), uma fornalha (quadrado vermelho) e biogás (canos brancos).

Energia

Fontes renováveis incluem a luz solar, o calor solar, vento, biomassa e geotérmica. A luz solar, eólica e a geotérmica podem ser caras demais, portanto vamos focar no calor solar e biomassa.

Paralelo à produção de energia, é necessário usar menos energia para ser sustentável. Isso significa uma casa com bom isolamento térmico, lâmpadas, eletrônicos e eletrodomésticos de baixa energia, e o desperdício mínimo de energia (com sistemas de fiação frágeis, aquecimento de água sem necessidade, etc.).

Qualquer carro pode ser adaptado para utilizar etanol, mas é melhor comprar um que já venha com esta tecnologia e lembre-se que o etanol pode ser tão caro quanto a gasolina, porque usa mais volume para produzir a mesma energia.

Carros elétricos podem ser considerados uma escolha apropriada (quando eles se tornarem mais baratos), assim como bicicletas (o uso de ambos é importante). Usar transporte público pode usar menos recursos da natureza, mas ele pode ser mais caro, e não está sempre disponível.

Em conclusão, tente economizar (dinheiro E energia) o máximo possível ao escolher seu meio de transporte.

Nosso ecolar usa o calor do sol e biomassa para produzir energia. Todos os aparelhos domésticos funcionam com energia elétrica, mas você pode instalar um fogão de energia dual, que usa eletricidade em dois queimadores e biogás em outros dois. Você pode também usar um fogão a lenha para cozinhar, e neste caso por favor lembre-se de convidar o autor e sua família para uma refeição.

Resíduos que não podem ir para o biodigestor devem ser queimados na fornalha ou usados diretamente no solo, como papel, papelão, penas, café moído, podas de plantas, pó de madeira, plásticos, goma de mascar, unhas, panos, cabelo, terra ou conchas.

O vapor do sistema de aquecimento é usado para gerar energia, movendo **um motor elétrico monofásico de 2KW 2800 rpm 240V**

com uma turbina ou similar, instalado no terceiro andar. Para garantir segurança energética é importante ter dois geradores, mais um para a pressão do vapor vindo da água servida e da fornalha. O vapor vai condensar e voltar para o tanque de água. Use um registro para controlar a quantidade de vapor indo para a turbina, e um manômetro para medir a pressão. Você pode também usar um controlador, um inversor e algumas baterias, especialmente se você também está usando painéis fotovoltaicos.

冷水タンク
太陽熱コレクター
蒸気発生器
（ボイラー）
クラックトーム
KRAK-THOOM
ウンルコ
冷水タンク
蒸気圧タービン
発電機
冷水タンク
蒸気発生器
（ボイラー）

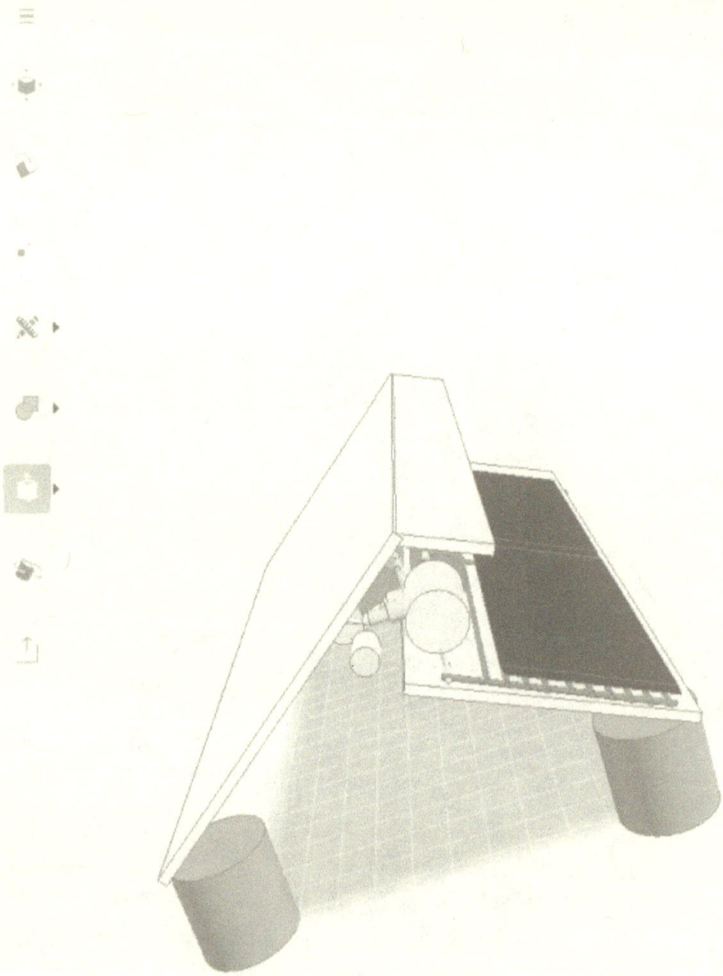

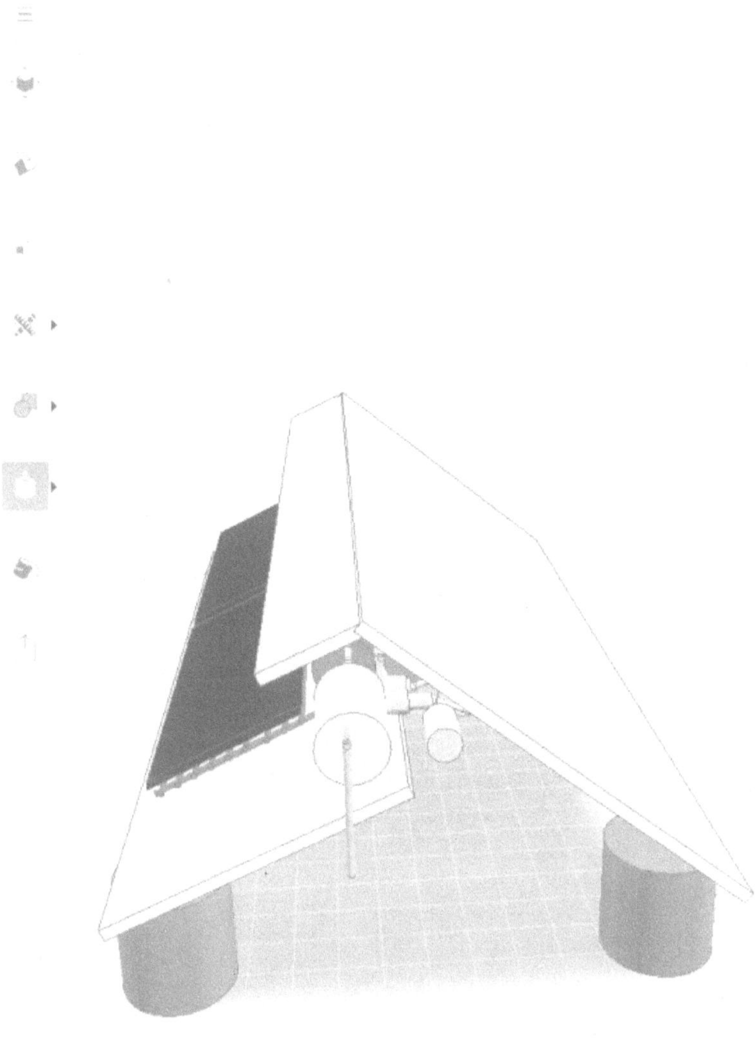

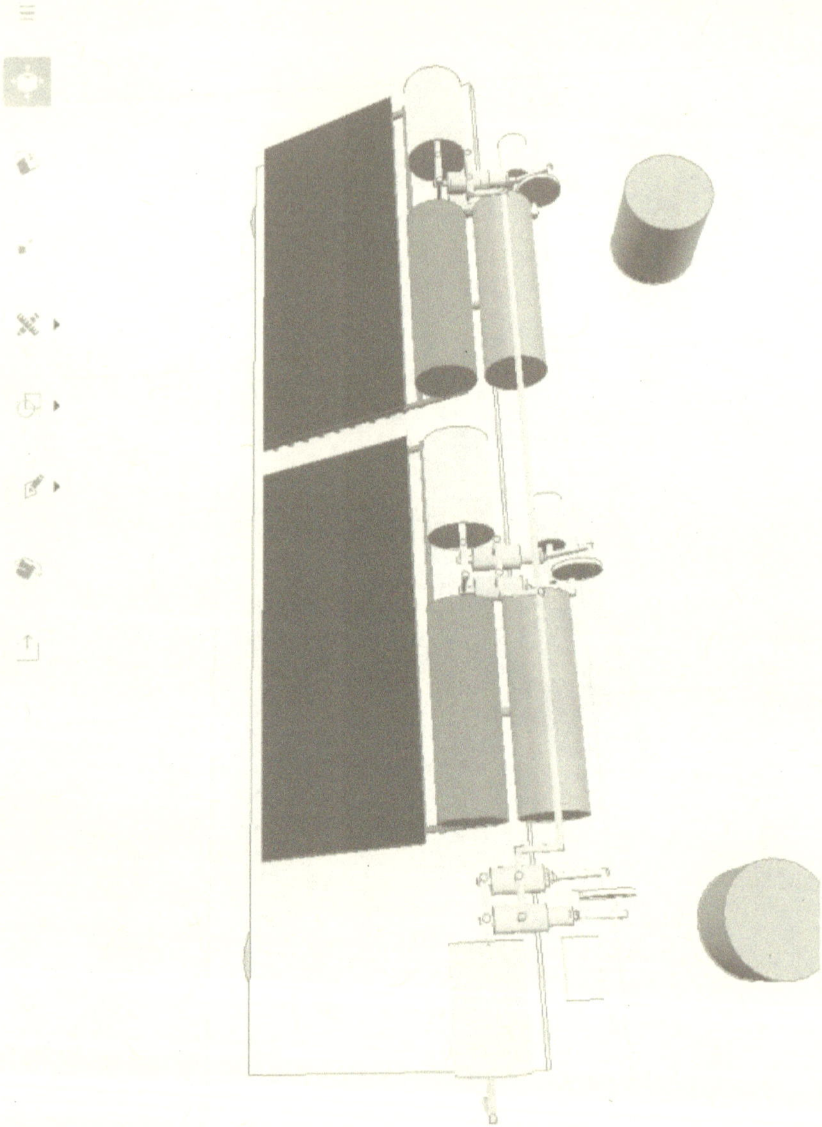

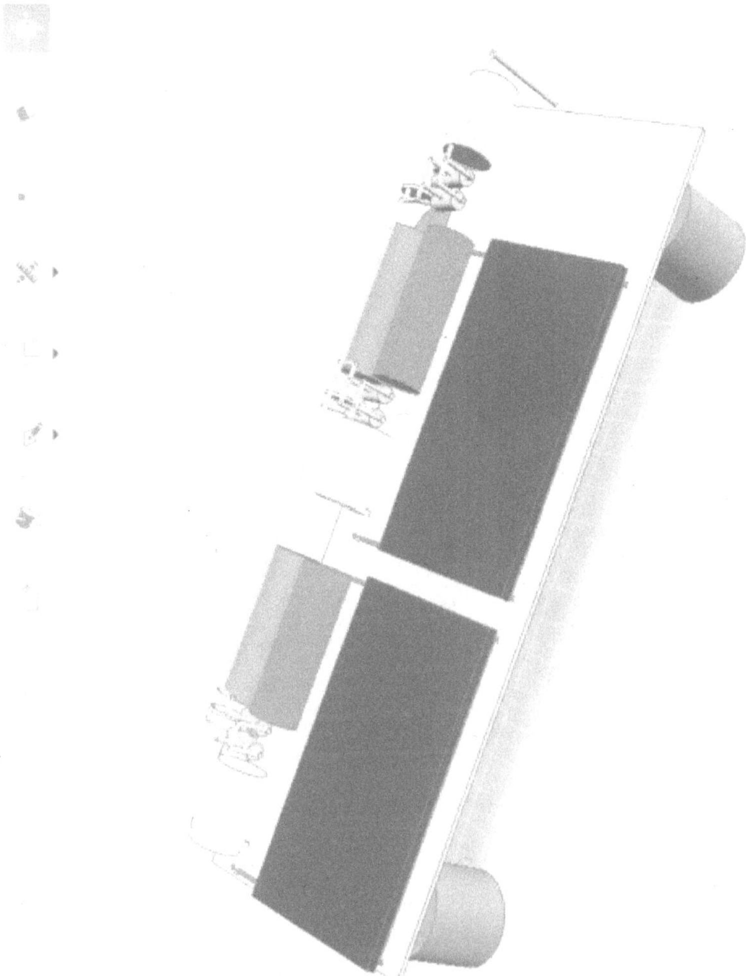

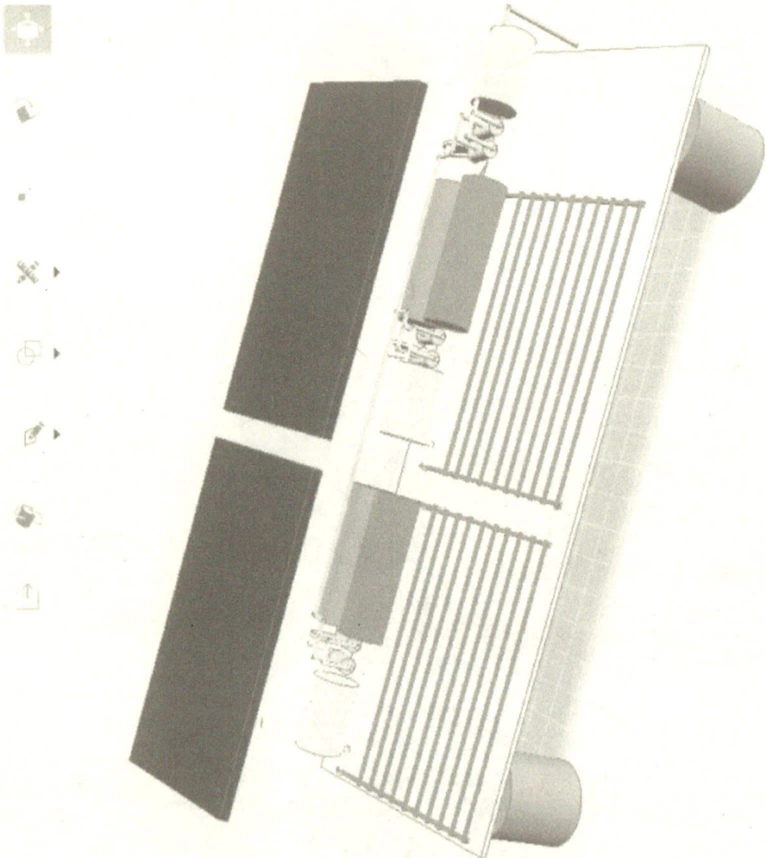

O sistema exposto acima pode aquecer a água a temperaturas acima de 100°, algo que aquecedores solares comuns não conseguem alcançar.

Sobre os canos de metal com água (em vermelho) você precisa instalar uma placa de metal preta (em preto) e cobrir os espaços entre os canos com poliestireno (isopor). A placa de metal absorve o calor, que é concentrado por meio do isopor e faz a água nos canos evaporar. Use canos de cobre ou outro metal que possa resistir a temperatura e a pressão. O vapor é concentrado em um tanque apropriado (laranja) similar a uma panela de pressão, e lançado continuamente para o engenho de vapor (verde). O vapor movimenta o gerador elétrico (cinza) e é enviado de volta ao tanque de água (azul). Esta NÃO é uma máquina *moto perpetuo*, em dias nublados e chuvosos você vai precisar usar a fornalha para gerar eletricidade. Durante o inverno as árvores estão mais secas, e vai ser necessário queimar mais lenha na fornalha para produzir a mesma quantidade de energia.

Uma vez que existe espaço suficiente para árvores grandes, há um bom suprimento e armazenamento de energia química, e você vai precisar podar os galhos e deixá-los secar para otimizar seu uso na fornalha. A água feita vapor na fornalha (azul claro) vai para um engenho de vapor e depois de mover o gerador elétrico ela é enviada para os tanques de água.

Você pode instalar painéis solares no telhado superior, usando uma estrutura por cima dele voltada para o sol (não cubra os painéis de aquecimento solar e não instale diretamente no telhado superior, ele precisa de boa ventilação e não pode estar contrário ao sol) em um ângulo igual à sua latitude para condições ideais. Lembre-se de que é necessário usar um inversor para transformar em corrente alternada e 110 V, e diodos para impedir que um queime os outros.

Em uma casa a energia é gasta principalmente nos seguintes utensílios: chuveiro elétrico, ar-condicionado, ferro de passar, fogão/forno (elétrico ou gás), lava-roupas com secador, e iluminação. Evite os dois primeiros (use um pouco da água quente para o banho, e um bom sistema de isolamento térmico nas paredes, como mostrado antes), e use utensílios de baixa energia (lâmpadas de LED, lava-roupas e lava-louças sem secador, entre outros).

Alimento

O acesso a alimentos depende principalmente de recursos financeiros, e para obtê-los a pessoa precisa trabalhar, e gastar menos dinheiro com outras coisas.

O ecolar tem aproximadamente 50 metros quadrados no teto para serem usados para plantar plantas comestíveis, e uma quantidade infinita de fertilizante do sistema de reciclagem de água (biodigestato). Use o primeiro andar para plantar árvores frutíferas, e o terceiro andar para plantar outras plantas comestíveis (tomates, melancia, cenoura, batata, repolho e couve são repletos de vitaminas e minerais, e fáceis de cultivar). Criar animais como gado, frangos e outros, deve ser feito longe da casa, para evitar problemas sanitários.

Muito dinheiro é economizado usando energia e fontes de água sustentáveis. Trabalhar com construção de móveis e utensílios de bambu também é uma fonte não desprezível de renda. Ademais, trabalhar na construção de ecolares, adaptando-os e fazendo melhorias neles, pode ser rentável, e pode ser compartilhada para o bem comum da humanidade.

Se você mora em uma área rural, planeje muito bem onde as plantas serão colocadas. Aquelas que exigem cuidados diários devem ficar perto da casa, enquanto as plantações e árvores de grande porte podem ser plantadas em áreas mais distantes. Nesse caso, construa sua casa no centro da propriedade, para evitar deixar qualquer área muito isolada e esquecida com o tempo. Mais informações sobre o assunto podem ser encontradas no livro "*A Vida Autossuficiente*", de John Seymour.

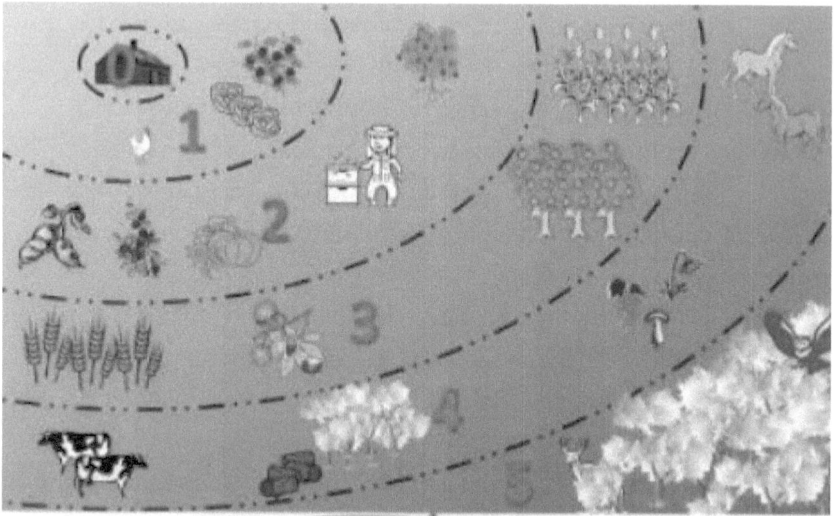

Zona 0 (A Casa): O núcleo inicial, onde as pessoas vivem, cozinham e planejam o sistema.

Zona 1 (Uso Diário): Colada na casa. Contém hortas de temperos, brotos, mudas, plantas medicinais, captação de água da chuva e compostagem doméstica. Tudo o que você colhe ou maneja todo santo dia.

Zona 2 (Semi-Intensiva): Um pouco mais afastada. Inclui pequenos pomares, plantas perenes, galinheiros (para controle de pragas e adubação), pequenos lagos e canteiros principais de vegetais.

Zona 3 (Cultivos de Grande Escala): Áreas de pastagem para animais maiores (vacas, ovelhas) e grandes plantações de campo que não requerem cuidados diários, como milho, trigo, tubérculos ou culturas comerciais.

Zona 4 (Semi-Selvagem): Área de silvicultura e manejo florestal. Usada para colheita de lenha, estacas, frutos silvestres e plantas nativas. Requer muito pouca intervenção.

Zona 5 (Natureza Selvagem): Um ecossistema intocado onde o ser humano entra apenas para observar, meditar e aprender com a inteligência natural. Não há design ou cultivo aqui.

Uma maneira inteligente de aproveitar a natureza a seu favor é plantar espécies que fixam nitrogênio no solo, como feijão e soja, junto com outros cereais, como milho e aveia, evitando o desgaste e o consumo de fertilizantes, além de praticar a rotação de culturas. Lembre-se de que os animais que você cria também precisam de alimento, então plante o que eles vão comer, algo mais sustentável do que comprar ração.

Os animais na propriedade podem ser uma bênção ou um incômodo na vida do morador. Insetos como formigas, cupins, lagartas e pulgões precisam ser combatidos colocando cinzas nos pés das árvores frutíferas, plantando tabaco nas hortas (o terceiro andar do ecolar é bem protegido de algumas pragas, facilitando a produção) ou utilizando água da máquina de lavar.

Porcos, cabras e galinhas podem ser criados em lotes junto com as plantações (mas em lotes separados, claro). Esses animais limpam o solo (as galinhas entram por último, para remover ervas daninhas) e fertilizam a terra nos lotes onde são confinados, fazendo o trabalho para o plantador e depositando seus dejetos onde são necessários. Além disso, você não precisará colher o que plantou e estocar para dar aos animais, eles mesmos fazem esse trabalho ao trocar de lote, economizando tempo, esforço e recursos.

Sem dúvida o trabalho manual de plantar, regar, tirar as ervas daninhas, adubar e colher vai exigir tempo e esforço do morador, mas todo este trabalho deve ser dividido entre os moradores da casa, em especial os mais jovens. Para aprender a valorizar e respeitar o meio ambiente é essencial ter contato direto dele e colher seus frutos.

Por fim, enfatizamos que nós não queremos nenhum lucro com estas ideias. Nosso único objetivo é melhorar o bem-estar das pessoas necessitadas.

Agradecemos o seu esforço em fazer da Terra um lugar melhor para viver.

Deus te abençoe.

###

Este livro representa a opinião do autor, e nada mais; ele não representa a opinião de qualquer governo, organização ou terceiros.
Agradeço pelo seu interesse em ler este livro. Meu sincero obrigado.

Certamente muitas pessoas não vão concordar com ele, como é comum em qualquer discussão científica... Portanto eu gostaria de saber seu ponto de vista.

Fique à vontade para mandar sugestões, comentários e opiniões para rogeriocietto@gmail.com, Assunto Ecolar. Seu e-mail é muito bem-vindo.

Lamento informar que você não vai me encontrar no Facebook, Twitter, Orkut ou qualquer outra mídia do tipo.

www.ingramcontent.com/pod-product-compliance
Lightning Source LLC
LaVergne TN
LVHW060305051026
849517LV00003B/975